Världens matematiska grund

Lösningar

Erik Thomé

17 september 2021

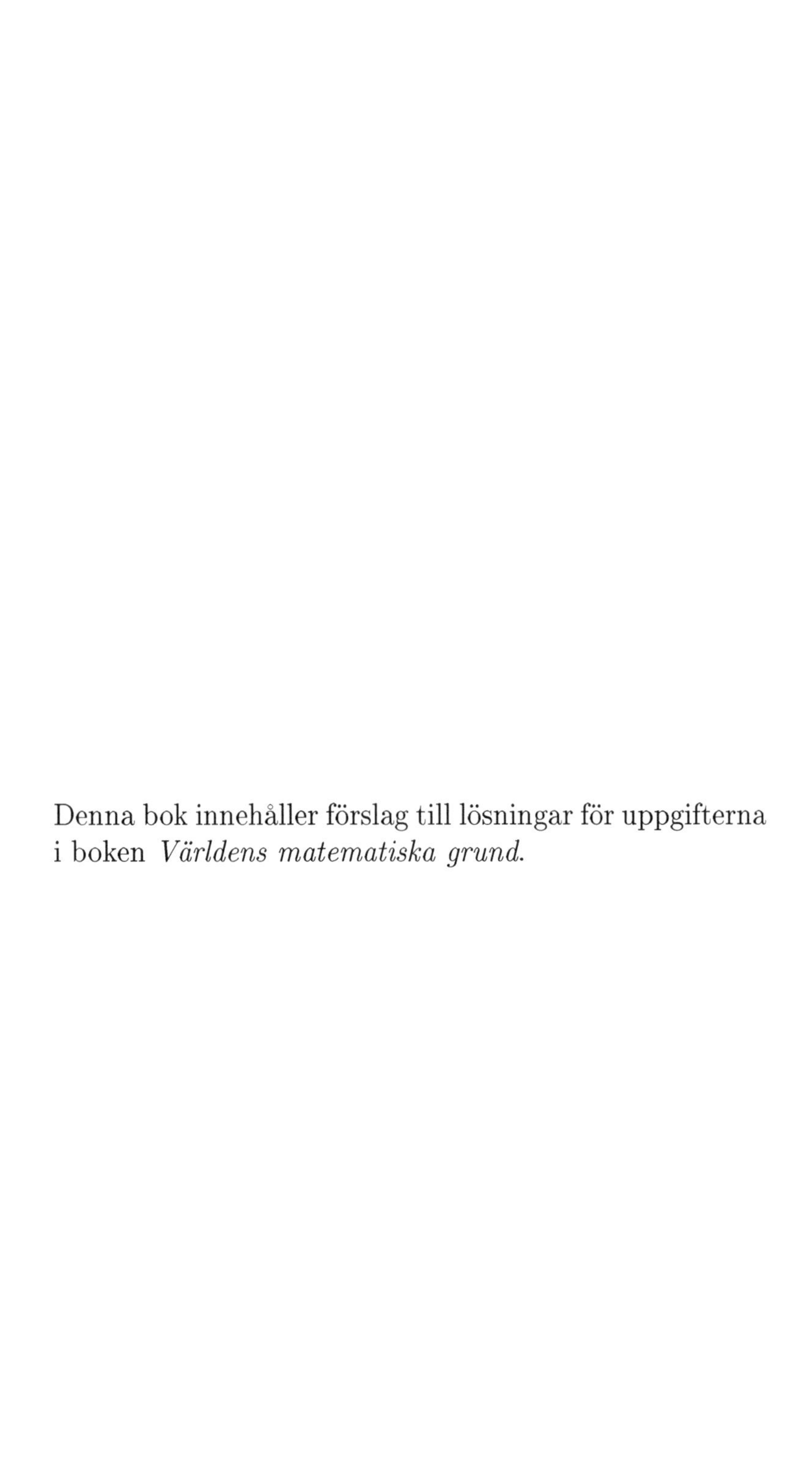

Denna bok innehåller förslag till lösningar för uppgifterna i boken *Världens matematiska grund.*

erik.thome@landskrona.se

Förlag: BoD - Books on Demand, Stockholm, Sverige
Tryck: BoD - Books on Demand, Norderstedt, Tyskland
ISBN: 978-91-8007-019-5

Innehåll

Kapitel 1

Vad består världen av?

Avslutande övning:
Det här går att fundera mycket på, men en översiktlig genomgång av de olika filosoferna kan vara:

Thales
Tanken att allt är vatten introducerar frågan om det finns en grundläggande beståndsdel i världen. Svaret är fel[1], men frågan har fortsatt sysselsätta mänskligheten fram till idag. Eftersom vatten uppenbarligen kan uppträda som ånga, vätska och is är det inte så konstigt att tanken kan uppstå att allt är olika former av vatten.

Anaximenes
På samma fråga kom Anaximenes fram till att allt består av luft. Ytterligare ett svar som vi idag inte vet är rätt, antagligen uppkommet från observationen att luft kan förtätas och förtunnas.

Empedokles
Steget till att allt består av de fyra elementen jord, vatten, luft och eld introducerar tanken att det inte är en grundläggande beståndsdel utan en uppsättning av dem.

Herakleitos
Att allt förändras är något som blir mer och mer klart desto mer vi lär oss om världen. Inom modern kvantfältteori är inte ens elementarpartiklarna oförstörbara, vilket

[1] Läs gärna delen om Thales i Bertrand Russells *Västerlandets filosofi* för ett försök att utreda om det ändå kan ligga något i detta svar.

många av de antika tänkarna ansåg var självklart. Istället skapas och förintas elementarpartiklar hela tiden.

Pythagoras
Allmänt sett är tanken på att världen i grunden är matematisk något som den moderna fysiken stärkt. Att det är just heltalen som är grunden till allt är något som kvantmekaniken kan tyckas peka på. Världen verkar i grunden vara diskret och då beskrivas bättre av heltal än reella tal. Om rummet och tiden är kontinuerliga eller diskreta är en öppen fråga.

Parmenides, Platon
Parmenides teori om att inget någonsin förändras är svår att ta till sig. För att kunna försvara den idén menade han att den världen vi tar in via våra sinnen bara är en skenvärld, medan det finns en sannare evig värld. Denna tanke kommer sedan tillbaka hos Platon i form av idévärlden. Efter att ha studerat relativitetsteori och kvantmekanik ett tag är det lätt att närma sig Platon. Den värld som framträder för våra sinnen i vår vardag verkar bara vara ett specialfall av mer allmänna och grundläggande lagar. Kanske förstår vi inte riktigt vad universum är genom att bara observera det i vår vardag?

Leukipos, Demokritos
Att allt består av atomer känns som en mycket modern tanke. Lite har det kanske att göra med att namnet används även idag. Det bör dock poängteras att den antika atommodellen var ganska skild från dagens. Exempelvis var tanken att materien består av atomer med olika kro-

kar som kunde haka i varandra och på så sätt bygga upp större saker, medan själen bestod av helt runda atomer. Framför allt var antikens atomer odelbara, det är till och med vad ordet betyder på grekiska. De moderna atomerna vet vi har beståndsdelar. Kanske hade det varit mer passande att kalla dagens elementarpartiklar för atomer?

Inledande övning: De tolv elementarpartiklar som bygger upp materien[2] brukar delas in i två grupper:

$$\begin{matrix} u & c & t \\ d & s & b \end{matrix}$$

$$\begin{matrix} e & \mu & \tau \\ \nu_e & \nu_\mu & \nu_\tau \end{matrix}$$

Partiklarna i den övre gruppen kallas för kvarkar[3] och de i den nedre för leptoner. Skillnaden är att kvarkarna påverkas av den starka kraften, medan leptonerna inte gör det. Vi ser också att partiklarna är uppställda två och två i vertikal led. Anledningen till det är att de utgör SU(2)-dubbletter vilket vi kommer förstå vad det innebär senare i kursen. Partiklarna är också ordnade i tre uppsättningar horisontellt där massan ökar åt höger. Den elektriska laddningen är $+\frac{2}{3}$e för partiklarna i första raden, $-\frac{1}{3}$e i den andra, -e i den tredje och 0 i den fjärde.

Den första partikeln av dessa som upptäcktes var elektronen. Den brittiske fysikern och Nobelpristagaren J. J. Thomson brukar tillskrivas upptäckten, då han 1898 beräknade att katodstrålar bestod av partiklar med negativ laddning, vilka var väldigt mycket lättare än atomer. För kvarkarna i den första uppsättningen är historien lite mer

[2]Mer korrekt; de tolv elementarpartiklar som är fermioner, vilket innebär att de lyder Pauliprincipen. Vi kommer förstå mer vad detta innebär senare i kursen.

[3]Bokstäverna står för upp, ned, charm, sär, topp och botten.

invecklad. Protonen kan sägas ha upptäckts av den nya zeeländske Nobelpristagaren Ernest Rutherford. Proton betyder den första på grekiska och Rutherford kallade därför väteatomkärnan för det 1920. Neutronen upptäcktes 1932 av den brittiske fysikern James Chadwick, vilket han fick Nobelpris för några år senare. Protonen och neutronen är emellertid inte elementarpartiklar, de är uppbyggda av kvarkar. Teorin för kvarkar kom senare. Den utvecklades parallellt av amerikanen Murray Gell-Mann och ryss-amerikanen George Zweig 1964 [4]. Ingen kvark har observerats fritt, de är alltid bundna i sammansatta partiklar med neutral nettofärgladdning, kallade hadroner[5]. Det som observeras är jetar av sådana hadroner. Experiment från SLAC 1968 kan anses vara de första som bekräftar att de finns. De kvarkar som ingick i de partiklar som observerades då var u-, d- och s-kvarkar. 1974 detekterades J/ψ-mesonen , vilken innehåller c-kvarkar, också vid SLAC. Tre år senare 1977 upptäcktes b-kvarken vid Fermilab, efter att den tidigare hade förutsagts existera, tillsammans med t-kvarken, av de två japanska teoretikerna Makoto Kobayashi och Toshihide Maskawa[6] för att förklara fenomenet CP-brott. Slutligen observerades t-kvarken, också vid Fermilab, 1995. De tyngre leptonerna, myonen μ och tauonen τ, observerades 1936 respektive 1975. Den första i kosmisk strålning och den andra vid SLAC och LBN. Neutrinon introducerades som en hypo-

---

[4] Gell-Mann fick Nobelpriset 1969 för sina allmänna insatser om klassificering av elementarpartiklar och deras växelverkan, eftersom kvarkmodellen då inte var allmänt vedertagen. Zweig har inte fått något Nobelpris.

[5] Av vilka alltså protonen och neutronen är två exempel.

[6] De fick 2008 års Nobelpris för detta.

tetisk partikel av Wolfgang Pauli för att få bevarande av energi, rörelsemängd och spinn gå ihop för β-sönderfall. Eftersom de bara växelverkar svagt är de väldigt svåra att detektera. 1956, 1962 och 2000 detekterades de olika sorterna för första gången.

Det finns fyra olika naturkrafter i universum[7]; gravitation, elektromagnetism, stark och svag växelverkan. Partikelfysikens standardmodell beskriver de tre senare, där de förmedlas av fotoner, W- och Z-bosoner respektive gluoner. Mycket mer om detta följer senare i kursen. Gravitation beskrivs av allmän relativitetsteori som en krökning av rumtiden. En kvantmekanisk beskrivning av gravitationen har teoretiska fysiker arbetat på i ca 100 år, men det har visat sig vara ett mycket svårlöst problem.

[7]Som vi idag känner till bör kanske tilläggas. En femte kraft skulle dock behöva vara mycket svag eller av väldigt kort räckvidd, annars hade vi redan upptäckt den. Vår vardag hade inte påverkats alls av en sådan kraft. Se gärna Sean Carrolls artikel *The Quantum Field Theory on Which the Everday World Supervenes* (2021).

Kapitel 2

Kvantmekanik – grunder och uppkomst

Övning 1:

Fotonens energi övergår dels till den energi som krävs för att slå loss elektronen och dels till rörelseenergi hos elektronen. Om vi kallar den energi som krävs för att slå loss för E_0 ger energibevarande

$$\begin{aligned} E_\gamma &= E_0 + E_k \\ \Rightarrow E_k &= E_\gamma - E_0 \end{aligned} \tag{2.1}$$

Enligt Einsteins antagande ges fotonens energi av $E_\gamma = hf$, så vi får

$$E_k = hf - E_0 \tag{2.2}$$

vilket innebär att rörelseenergin ökar linjärt med fotonens frekvens, med en riktningskoefficient som ges av Plancks konstant h.

Övning 2:
Som vi såg i förra uppgiften kan bestämma Plancks konstant genom att ta fram riktningskoefficienten i det linjära sambandet mellan elektronens röelseenergi och fotonens frekvens. Vi behöver alltså lysa på metallen med ljus av olika frekvens och mäta elektronens rörelseenergi. Vi får då punkter i ett diagram vilka vi kan anpassa en rät linje till och bestämma riktningskoefficienten. Hur mäter vi då elektronernas rörelseenergi? Det enklaste sättet är att lägga på en spänning som bromsar in elektronerna.

Elektronerna kommer slås ut i olika riktningar, men det kommer krävas mest spänning för att bromsa in dem som har hela sin hastighet i spänningens riktning. Vi kan alltså justera spänningen tills alla elektronerna bromsas in helt och använda denna spänning för att beräkna den energi elektronerna hade när de slogs ut genom $E = Uq = Ue$.

Övning 3:
Vi vill ha en differentialekvation för $r(t)$. Det kan vi få med hjälp av kedjeregeln

$$\begin{aligned} \frac{dE}{dt} &= \frac{dE}{dr}\frac{dr}{dt} \\ \Rightarrow \frac{dr}{dt} &= \frac{\frac{dE}{dt}}{\frac{dE}{dr}} \end{aligned} \tag{2.3}$$

Larmors formel kan användas för att få $\frac{dE}{dt}$, vilket för elektronen ger[1]

$$\frac{dE}{dt} = -\frac{e^2 a^2}{6\pi\epsilon_0 c^3} \tag{2.4}$$

Men vilken acceleration har egentligen elektronen? Det kan vi räkna ut genom att sätta centripetalkraften lika med den elektriska kraften

[1] Observera att Larmors formel ger utstrålad energi. Elektronen förlorar alltså denna energi vilket gör att derivatan blir negativ.

$$
\begin{aligned}
F_C &= F_E \\
ma_C &= \frac{1}{4\pi\epsilon_0}\frac{e^2}{r^2} \\
\Rightarrow a_C &= \frac{1}{4\pi\epsilon_0}\frac{e^2}{mr^2}
\end{aligned}
\tag{2.5}
$$

Insättning i ekvation 2.4 ger

$$
\frac{dE}{dt} = -\frac{e^6}{96\pi^3\epsilon_0^3c^3m^2r^4}
\tag{2.6}
$$

Dags att ta sig an $\frac{dE}{dr}$. Elektronens energi som funktion av radien har två termer; rörelseenergi och potentiell energi

$$
E(r) = \frac{mv^2}{2} - \frac{1}{4\pi\epsilon_0}\frac{e^2}{r}
\tag{2.7}
$$

Här kan vi använda formeln centripetalacceleration för att få hastigheten

$$
\begin{aligned}
a_C &= \frac{v^2}{r} \\
\Rightarrow v^2 = ra_C &= \frac{1}{4\pi\epsilon_0}\frac{e^2}{mr}
\end{aligned}
\tag{2.8}
$$

där vi använt ekvation 2.5 i sista steget. Uttrycket för energin förenklas då till

$$E(r) = -\frac{1}{8\pi\epsilon_0}\frac{e^2}{r} \tag{2.9}$$

Vi deriverar

$$\frac{dE}{dr} = \frac{1}{8\pi\epsilon_0}\frac{e^2}{r^2} \tag{2.10}$$

Insättning av ekvation 2.6 och 2.10 i ekvation 2.3 ger vår efterfrågade differentialekvation

$$\frac{dr}{dt} = -\frac{e^4}{12\pi^2\epsilon_0^2 c^3 m^2 r^2} \tag{2.11}$$

Krånglig ekvation att lösa[2], här kan behövas digitala hjälpmedel. Lösningen är

[2] Egentligen inte så svår om vi hittar det rätta tricket. Ekvationen är på formen

$$\begin{aligned} \frac{dr}{dt} &= -\frac{A}{r^2} \\ \Rightarrow r^2\frac{dr}{dt} &= -A \end{aligned} \tag{2.12}$$

vilket kan skrivas om

$$\frac{d}{dt}\left(\frac{r^3}{3}\right) = -A \tag{2.13}$$

Integration ger nu

$$r(t) = \sqrt[3]{3}\sqrt[3]{-\frac{e^4}{12\pi^2\epsilon_0^2c^3m^2}t + \frac{r_0^3}{3}} \tag{2.15}$$

där r_0 är atomens radie från början, vilken är ungefär 10^{-10} m. Sätt $r(t) = 0$ och lös ut t. Det ger en livstid för atomen på 10^{-10} s, alltså mycket kort. En klassisk atom hade inte kunnat existera.

Övning 4:
Den utsända fotonens energi ges av skillnaden mellan två energinivåer för elektronen

$$E_\gamma = \Delta E \tag{2.16}$$

Om elektronen går från nivå m till n blir energiskillnaden

$$\Delta E = E_m - E_n = -13.6\text{eV}\left(\frac{1}{m^2} - \frac{1}{n^2}\right) = 13.6\text{eV}\left(\frac{1}{n^2} - \frac{1}{m^2}\right) \tag{2.17}$$

Kombinerat med att fotonens energi ges av $E_\gamma = hf = \frac{hc}{\lambda}$ ger detta

---

$$\frac{r^3}{3} = -At + C$$
$$\Rightarrow r = \sqrt[3]{3}\sqrt[3]{-At + C} \tag{2.14}$$

$$\begin{aligned} \frac{hc}{\lambda} &= 13.6\text{eV}\left(\frac{1}{n^2} - \frac{1}{m^2}\right) \\ \Rightarrow \frac{1}{\lambda} &= \frac{13.6\text{eV}}{hc}\left(\frac{1}{n^2} - \frac{1}{m^2}\right) \end{aligned} \tag{2.18}$$

vilket är identiskt med Rydbergs formel om $R = \frac{13.6\text{eV}}{hc}$. Genom att stoppa in värden för naturkonstanterna ser vi att så är fallet.

Övning 5:
Elektronens energi som funktion av radien har två termer; rörelseenergi och potentiell energi

$$E(r) = \frac{mv^2}{2} - \frac{1}{4\pi\epsilon_0}\frac{e^2}{r} \tag{2.19}$$

eller om vi använder rörelsemängden $p = mv$

$$E(r) = \frac{p^2}{2m} - \frac{1}{4\pi\epsilon_0}\frac{e^2}{r} \tag{2.20}$$

Nu kan vi använda Bohrs antagande $pr = n\frac{h}{2\pi}$ för att relatera p och r

$$E(r) = \frac{n^2h^2}{8\pi^2mr^2} - \frac{1}{4\pi\epsilon_0}\frac{e^2}{r} \tag{2.21}$$

Vi minimerar genom att sätta derivatan lika med 0 och får då

$$
\begin{aligned}
r &= \frac{n^2 h^2 \epsilon_0}{\pi m e^2} \\
E &= -\frac{m e^4}{8 h^2 \epsilon_0^2 n^2}
\end{aligned}
\tag{2.22}
$$

Förutom kvanttalet n har vi här bara naturkonstanter. Om vi sätter in värden för dessa får vi

$$
\begin{aligned}
r &= n^2 \cdot 5.3 \cdot 10^{-11}\mathrm{m} \\
E &= -\frac{13.6\mathrm{eV}}{n^2}
\end{aligned}
\tag{2.23}
$$

Vi får alltså rätt energinivåer samt en diameter för väteatomen på ca 10^{-10} m.

Övning 6:
Eftersom fotonen är masslös gäller $E_\gamma = pc$, men vi har också $E_\gamma = hf = \frac{hc}{\lambda}$, så

$$
\begin{aligned}
&\frac{hc}{\lambda} = pc \\
&\Rightarrow \lambda = \frac{h}{p}
\end{aligned}
\tag{2.24}
$$

Övning 7:
Ett komplext tal kan skrivas

$$\psi = a + bi \tag{2.25}$$

där a är koordinaten på den reella axeln och b på den imaginära. Normen blir då

$$|\psi| = \sqrt{\psi^*\psi} = \sqrt{(a - bi)(a + bi)} = \sqrt{a^2 - b^2i^2} = \sqrt{a^2 + b^2} \tag{2.26}$$

Detta är enligt Pythagoras sats avståndet till origo i det komplexa talplanet.

Övning 8:

Ett helt antal våglängder n på ett varv ger

$$n\lambda = 2\pi r \tag{2.27}$$

vilket om vi använder de Broglie-våglängden ger

$$\begin{aligned} n\frac{h}{p} &= 2\pi r \\ \Rightarrow pr &= n\frac{h}{2\pi} \end{aligned} \tag{2.28}$$

Övning 9:

Andraderivatorna blir

$$\begin{aligned}\frac{\partial^2}{\partial x^2}\psi(x,t) &= -\frac{4\pi^2}{\lambda^2}\psi(x,t)\\ \frac{\partial^2}{\partial t^2}\psi(x,t) &= -\omega^2\psi(x,t)\end{aligned} \tag{2.29}$$

vilket innebär att vågfunktionen löser vågekvationen om $\frac{4\pi^2}{\lambda^2} = \frac{\omega^2}{v^2}$. Att så är fallet inses lätt

$$\frac{\omega^2}{v^2} = \frac{\omega^2}{f^2\lambda^2} = \frac{4\pi^2\omega^2}{\omega^2\lambda^2} = \frac{4\pi^2}{\lambda^2} \tag{2.30}$$

Övning 10:
Funktionen e^{ix} fungerar precis som de trigonometriska funktionerna när vi deriverar, på så sätt att andraderivatan av funktion är lika med funktionen själv med minusteckan framför

$$\frac{d^2}{dx^2}\left(e^{ix}\right) = i^2 e^{ix} = -e^{ix} \tag{2.31}$$

Funktionen e^{ix} löser alltså samma differentialekvation som de trigonometriska funktionerna.

Övning 11:

Använd de Broglie-våglängd och energins kvantiserande

$$\begin{aligned} \frac{p}{\hbar} &= \frac{2\pi h}{h\lambda} = \frac{2\pi}{\lambda} \\ \frac{E}{\hbar} &= \frac{2\pi h f}{h} = 2\pi f = \omega \end{aligned} \tag{2.32}$$

Vågen kan alltså skrivas

$$\psi(x,t) = Ae^{i\left(\frac{2\pi}{\lambda}x - \omega t\right)} = Ae^{\frac{i}{\hbar}(px - Et)} \tag{2.33}$$

Övning 12:

Verka på vågfunktionen med uttrycket $E = \frac{p^2}{2m} + V$

$$\frac{p^2}{2m}\psi(x,t) + V(x)\psi(x,t) = E\psi(x,t) \tag{2.34}$$

Sätt in $p^2 = \left(-i\hbar\frac{\partial}{\partial x}\right)^2 = -\hbar^2\frac{\partial^2}{\partial x^2}$ och $E = i\hbar\frac{\partial}{\partial t}$

$$-\frac{\hbar^2}{2m}\frac{\partial^2}{\partial x^2}\psi(x,t) + V(x)\psi(x,t) = i\hbar\frac{\partial}{\partial t}\psi(x,t) \tag{2.35}$$

Övning 13:
Inuti lådan där $V = 0$ får vi differentialekvationen

$$
\begin{aligned}
&-\frac{\hbar^2}{2m}\frac{\partial^2}{\partial x^2}\psi(x,t) = E\psi(x,t) \\
&\Rightarrow \frac{\partial^2}{\partial x^2}\psi(x,t) = -\frac{2mE}{\hbar^2}\psi(x,t)
\end{aligned}
\tag{2.36}
$$

vilken har den allmänna lösningen

$$
\psi(x) = A\sin\left(\sqrt{\frac{2mE}{\hbar^2}}x\right) + B\cos\left(\sqrt{\frac{2mE}{\hbar^2}}x\right) \tag{2.37}
$$

Det första randvillkoret, $\psi(0) = 0$, ger $B = 0$. Det andra, $\psi(a) = 0$, ger sedan den trigonometriska ekvationen

$$
A\sin\left(\sqrt{\frac{2mE}{\hbar^2}}a\right) = 0 \tag{2.38}
$$

vilken har lösningarna

$$
\begin{aligned}
&\sqrt{\frac{2mE}{\hbar^2}}a = n\pi \\
&\Rightarrow E = \frac{n^2\hbar^2\pi^2}{2ma^2}
\end{aligned}
\tag{2.39}
$$

där n är ett heltal. Energitillstånden är alltså kvantiserade[3].

Övning 14 och 15:
Kalla egenvärdet till operatorn A för a, d.v.s. att $A\psi = a\psi$. Använd sedan definitionen av en hermitsk operator

$$\begin{aligned}
\int \psi^*(x)A\psi(x)dx &= \int (A\psi)^*(x)\psi(x)dx \\
\int \psi^*(x)a\psi(x)dx &= \int (a\psi)^*(x)\psi(x)dx \\
\int \psi^*(x)a\psi(x)dx &= \int a^*\psi^*(x)\psi(x)dx
\end{aligned} \tag{2.40}$$

Egenvärdena är bara tal och kan flyttas ut utanför integralen

$$a\int \psi^*(x)\psi(x)dx = a^*\int \psi^*(x)\psi(x)dx \tag{2.41}$$

För att detta ska gälla måste $a = a^*$, vilket är samma sak som att a är reellt. Detta garanterar också att förväntansvärdet

$$\langle A\rangle = \int \psi^*(x)A\psi(x)dx = a\int \psi^*(x)\psi(x)dx \tag{2.42}$$

---

[3] Observera faktorn a^2 i nämnaren. Avstånden mellan nivåerna minskar alltså med storleken på lådan. För lådor av vardaglig storlek upplever vi såklart ingen kvantisering.

blir reellt eftersom normen av ψ är reell.

Övning 16:
Förväntansvärdet för energin ges av

$$\langle H \rangle = \int \psi^*(x) H \psi(x) dx \tag{2.43}$$

Om H inte beror på tiden blir tidsderivatan

$$\frac{d}{dt}\langle H \rangle = \int \left(\frac{d\psi^*(x)}{dt} H \psi(x) + \psi^*(x) H \frac{d\psi(x)}{dt} \right) dx \tag{2.44}$$

Nu kan vi använda Schrödingerekvationen

$$\frac{d\psi}{dt} = \frac{1}{i\hbar} H \psi \tag{2.45}$$

och den komplexkonjugerade Schrödingerekvationen

$$\frac{d\psi^*}{dt} = -\frac{1}{i\hbar} (H\psi)^* \tag{2.46}$$

Sätts dessa tidsderivator in i ekvation 2.44 ser vi att tidsderivatan av förväntansvärdet för energin är noll

$$\frac{d}{dt}\langle H\rangle = \int\left(-\frac{1}{i\hbar}(H\psi(x))^* H\psi(x) + \psi^*(x)H\frac{1}{i\hbar}H\psi(x)\right)dx =$$
$$= \int\left(-\frac{1}{i\hbar}\psi^*(x)HH\psi(x) + \frac{1}{i\hbar}\psi^*(x)HH\psi(x)\right)dx = 0 \tag{2.47}$$

där vi utnyttjat att H är hermitsk i sista steget.

Övning 17:

Kalla egenvärdena för de två egenfunktionerna för a_m respektive a_n. Beräkna sedan

$$\begin{aligned}&\int \varphi_m^*(x)A\varphi_n(x)dx = \int \varphi_m^*(x)a_n\varphi_n(x)dx = \\ &= a_n\int \varphi_m^*(x)\varphi_n(x)dx\end{aligned} \tag{2.48}$$

Men vi kan också uttnyttja att A är hermitsk och låta den verka på den φ_m

$$\begin{aligned}&\int (A\varphi_m)^*(x)\varphi_n(x)dx = \int a_m^*\varphi_m^*(x)\varphi_n(x)dx = \\ &= a_m\int \varphi_m^*(x)\varphi_n(x)dx\end{aligned} \tag{2.49}$$

där vi utnyttjat att vi redan bevisat att hermitska operatorer har reella egenvärden i sista steget. Dessa två uttryck måste, eftersom A är hermitsk, ge samma värde

$$
\begin{aligned}
a_m \int \varphi_m^*(x)\varphi_n(x)dx &= a_n \int \varphi_m^*(x)\varphi_n(x)dx \\
(a_m - a_n) \int \varphi_m^*(x)\varphi_n(x)dx &= 0
\end{aligned}
\tag{2.50}
$$

Om egenfunktionerna inte har samma egenvärde är den första parentesen inte 0, då måste integralen vara det, så

$$
\int \varphi_m^*(x)\varphi_n(x)dx = 0 \tag{2.51}
$$

Att integralen är 1 om $m = n$ följer från att egenfunkionerna är normerade.

Övning 18:
Om vi använder den kvantmekaniska operatorn för rörelsemängden p får vi

$$
\begin{aligned}
&[x,p]\psi = xp\psi - px\psi = -i\hbar x\frac{\partial\psi}{\partial x} - -i\hbar\frac{\partial}{\partial x}(x\psi) = \\
&= -i\hbar x\frac{\partial\psi}{\partial x} + i\hbar\psi + i\hbar x\frac{\partial\psi}{\partial x} = i\hbar\psi
\end{aligned}
\tag{2.52}
$$

vilket vi skriver som $[x,p] = i\hbar$.

På samma sätt för E

$$[t, E]\psi = tE\psi - Et\psi = i\hbar t\frac{\partial\psi}{\partial t} - i\hbar\frac{\partial}{\partial t}(t\psi) = \\ = -i\hbar t\frac{\partial\psi}{\partial t} - i\hbar\psi - i\hbar t\frac{\partial\psi}{\partial t} = -i\hbar\psi \tag{2.53}$$

vilket vi skriver som $[t, E] = -i\hbar$.

Övning 19:

Multiplikation av parenteserna i integralen ger

$$\int \varphi^*(x)\varphi(x)dx = \int(A_0 - i\lambda B_0)\psi^*(A_0 + i\lambda B_0)\psi dx = \\ = \int(A_0\psi^* A_0\psi + i\lambda A_0\psi^* B_0\psi - i\lambda B_0\psi^* A_0\psi + \lambda^2 B_0\psi^* B_0\psi)dx \tag{2.54}$$

Nu kan vi använda att operatorerna är hermitska och skriva om uttrycket

$$\int(\psi^* A_0^2\psi + i\lambda\psi^* A_0B_0\psi - i\lambda\psi^* B_0A_0\psi + \lambda^2\psi^* B_0^2\psi)dx = \\ = \int \psi^*(A_0^2\psi + i\lambda[A_0, B_0] + \lambda^2 B_0^2)\psi dx = \\ = \langle A_0^2\rangle + i\lambda\langle[A_0, B_0]\rangle + \lambda^2\langle B_0^2\rangle \tag{2.55}$$

Vi har nu hittat vår funktion $f(\lambda) = \langle A_0^2\rangle + i\lambda\langle[A_0, B_0]\rangle + \lambda^2\langle B_0^2\rangle$ som är större än 0.

Övning 20:

Vi minimerar $f(\lambda)$ med avseende på λ genom att sätta derivatan lika med noll

$$
\begin{aligned}
0 &= \frac{df}{d\lambda} = i\langle[A_0, B_0]\rangle + 2\lambda\langle B_0^2\rangle \\
\Rightarrow \lambda &= -\frac{i\langle[A_0, B_0]\rangle}{2\langle B_0^2\rangle}
\end{aligned}
\tag{2.56}
$$

Om detta sätts in i olikheten från förra uppgiften får vi

$$
\begin{aligned}
&0 < \langle A_0^2\rangle + \frac{\langle[A_0, B_0]\rangle^2}{2\langle B_0^2\rangle} - \frac{\langle[A_0, B_0]\rangle^2}{4\langle B_0^2\rangle} = \\
&= \langle A_0^2\rangle + \frac{\langle[A_0, B_0]\rangle^2}{4\langle B_0^2\rangle} \\
&\Rightarrow \langle A_0^2\rangle\langle B_0^2\rangle > -\langle[A_0, B_0]\rangle^2
\end{aligned}
\tag{2.57}
$$

Minustecknet kan vid en första anblick verka förvånande. Kommutatorn kommer dock vara imaginär så hela uttrycket kommer bli positivt. Låt oss nu komma ihåg definitionerna $\Delta A = \sqrt{\langle A_0^2\rangle}$ och $\Delta B = \sqrt{\langle B_0^2\rangle}$. Vi kan nu ta kvadratroten ur olikheten ovan och få

$$
\Delta A \Delta B > \frac{|\langle[A_0, B_0]\rangle|}{2}
\tag{2.58}
$$

Låt oss också komma ihåg definitionerna $A_0 = A - \langle A \rangle$ och $B_0 = B - \langle B \rangle$. Förväntansvärdena $\langle A \rangle$ och $\langle B \rangle$ är bara tal och kommuterar med allt. Det innebär att $[A_0, B_0] = [A, B]$, så att vi slutligen nått

$$\Delta A \Delta B > \frac{|\langle [A, B] \rangle|}{2} \tag{2.59}$$

Övning 21:
I övning 18 har vi visat att $[p, x] = -i\hbar$ och $[E, t] = i\hbar$, vilket ger $|\langle [p, x] \rangle| = |\langle [E, t] \rangle| = \hbar$. Ekvation 2.59 ger alltså för dessa observabler

$$\begin{aligned} \Delta p \Delta x &> \frac{\hbar}{2} \\ \Delta E \Delta t &> \frac{\hbar}{2} \end{aligned} \tag{2.60}$$

Övning 22:

För något med massa m som rör sig med en icke-relativistisk hastighet v gerden första av Heisenbergs osäkerhetsrelationer

$$\begin{aligned} \Delta p &> \frac{\hbar}{2\Delta x} \\ \Delta v &> \frac{\hbar}{2m\Delta x} \end{aligned} \tag{2.61}$$

För en människa i ett rum blir denna osäkerhet i storleksordningen $\Delta v = 10^{-36}$ m/s, alltså helt försumbar. För elektronen i atomen blir osäkerheten istället ungefär $\Delta v = 3 \cdot 10^4$ m/s.

Övning 23:
Vi utgår från Schrödingerekvationen

$$\frac{p^2}{2m}\psi(x,t) + \frac{1}{2}kx^2\psi(x,t) = E\psi(x,t) \tag{2.62}$$

och multiplicera båda sidor med $2m$

$$(p^2 + mkx^2)\psi(x) = 2mE\psi(x) \tag{2.63}$$

För en harmonisk oscillator ges vinkelhastigheten av $\omega = \sqrt{\frac{k}{m}}$ eller $k = m\omega^2$. Med detta k blir Schrödingerekvationen

$$(p^2 + m^2\omega^2x^2)\psi(x) = 2mE\psi(x) \tag{2.64}$$

Övning 24:
Här är det bara att räkna på och använda kommutatorn $[x, p]$

$$\begin{aligned} c_+c_- &= (p + im\omega x)(p - im\omega x) = \\ &= p^2 + m^2\omega^2x^2 + im\omega xp - im\omega px = \\ &= p^2 + m^2\omega^2x^2 + im\omega[x, p] = p^2 + m^2\omega^2x^2 - m\hbar\omega \end{aligned} \tag{2.65}$$

respektive

$$\begin{aligned} c_-c_+ &= (p - im\omega x)(p + im\omega x) = \\ &= p^2 + m^2\omega^2x^2 - im\omega xp + im\omega px = \\ &= p^2 + m^2\omega^2x^2 - im\omega[x, p] = p^2 + m^2\omega^2x^2 + m\hbar\omega \end{aligned} \tag{2.66}$$

Övning 25:
Här observerar vi att uttrycken för c_+c_- och c_-c_+ från förgående uppgift nästan är operatorn framför vågfunktionen i vänsterledet i ekvation 2.64. Det enda som skiljer är en term $-m\hbar\omega$ respektive $+m\hbar\omega$. Dessa termer måste alltså läggas till även på högerledet, vilket ger

$$c_-c_+\psi(x) = 2m\left(E + \frac{1}{2}\hbar\omega\right)\psi(x) \tag{2.67}$$

respektive

$$c_+c_-\psi(x) = 2m\left(E - \frac{1}{2}\hbar\omega\right)\psi(x) \tag{2.68}$$

Övning 26:
Vi undersöker Schrödingerekvationen för $c_+\psi(x)$. Om vi väljer den första versionen blir vänsterledet

$$c_-c_+c_+\psi(x) \tag{2.69}$$

Om vi kan byta plats på de två först operatorerna hade vi fått tillbaka något som liknar Schrödingerekvationen för $\psi(x)$. Då måste vi införa en kommutator eftersom

$$\begin{aligned}
&[c_-, c_+] = c_-c_+ - c_+c_- \\
&\Rightarrow c_-c_+ = c_+c_- + [c_-, c_+]
\end{aligned} \tag{2.70}$$

Men denna kommutator har vi ju redan beräknat $[c_-, c_+] = 2m\hbar\omega$, så Schrödingerekvationen för $c_+\psi(x)$ blir

$$\begin{aligned}
&c_-c_+c_+\psi(x) = c_+(c_+c_- + [c_-, c_+])\psi(x) = \\
&= c_+(c_+c_- + 2m\hbar\omega)\psi(x) = \\
&= c_+\left(2m\left(E + \frac{1}{2}\hbar\omega\right) + 2m\hbar\omega\right)\psi(x) = \\
&= \left(2m\left(E + \frac{1}{2}\hbar\omega + \hbar\omega\right)\right)c_+\psi(x)
\end{aligned} \tag{2.71}$$

där vi använt Schrödingerekvationen för $\psi(x)$ och i sista ledet flyttat operatorn c_+ förbi de rena talen. Vi ser att om $\psi(x)$ är en lösning är $c_+\psi(x)$ en lösning med en energi som är $\hbar\omega$ större. Samma resonemang går att föra för $c_-\psi(x)$ och den andra versionen av Schrödingerekvationen, men vi får då kommutatorn $[c_+, c_-] = -2m\hbar\omega$ istället, vilket innebär att energin då blir $\hbar\omega$ mindre.

Övning 27:

Om vi verkar med c_+ på uttrycket $c_-\psi_0(x) = 0$ blir högerledet fortfarande 0, så

$$c_+c_-\psi_0(x) = 0 \tag{2.72}$$

Men vänsterledet är ju nu vänsterledet i Schrödingerekvationen för det lägsta energitillståndet, så vi kan använda den och få

$$\left(E_0 - \frac{1}{2}\hbar\omega\right)\psi_0(x) = 0 \tag{2.73}$$

vilket ger $E_0 = \frac{1}{2}\hbar\omega$ om inte $\psi_0(x)$ ska vara identiskt med 0 för alla x.

Kapitel 3

Relativistisk kvantmekanik

Övning 1:
Vi kallar avståndet i rummet för R, d.v.s. $R^2 = x^2 + y^2 + z^2$. Som vanligt indicerar vi det referenssystem som följer med rörelsen med 0. Om rumtidsavståndet är invariant måste vi ha

$$s_0^2 = s^2 \tag{3.1}$$

för det referenssystem som följer med rörelsen har vi inget avstånd i rummet, så vi får

$$c^2t_0^2 = c^2t^2 - R^2 \tag{3.2}$$

Nu kan vi faktorisera ut t^2 från högerledet och få $t^2\left(c^2 - \frac{R^2}{t^2}\right) = t^2\left(c^2 - v^2\right)$. Bara lite algebra återstår

$$\begin{aligned}
c^2t_0^2 &= t^2\left(c^2 - v^2\right) \\
t^2 &= \frac{c^2t_0^2}{\left(c^2 - v^2\right)} \\
t^2 &= \frac{t_0^2}{\left(1 - \frac{v^2}{c^2}\right)} \\
t &= \frac{t_0}{\sqrt{1 - \frac{v^2}{c^2}}}
\end{aligned} \tag{3.3}$$

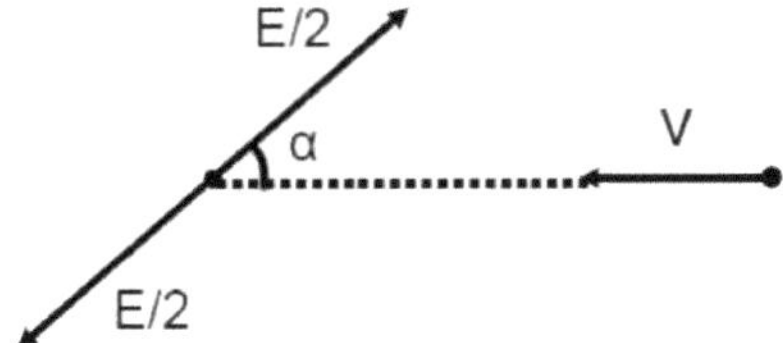

Figur 3.1: Ett föremål skickar ut två fotoner, med energin $\frac{E}{2}$, i rakt motsatt riktning. Detta observeras från ett system som rör sig mot förmålet med hastigheten v.

Övning 2:

Dopplerförskjutningen av energierna[1] i systemet som rör sig med hastigheten v kan beräknas genom

$$E' = \frac{1 - \frac{v}{c}\cos\alpha}{\sqrt{1 - \frac{v^2}{c^2}}} E \tag{3.4}$$

där α är vinkeln mellan det observerande systemet och riktningen fotonen sänds ut i, se figur 3.1. Eftersom den ena fotonen rör sig bort från det observerande systemet och den andra mot det, kommer tecknet på hastigheten vara olika för de två fotonerna. Energiskillnaden observerad från systemet som rör sig med hastghet v kommer alltså bli

[1] De dopplerförskjuts på samma sätt som frekvenserna eftersom $E = hf$.

$$\Delta E' = \frac{1 - \frac{v}{c}\cos\alpha}{\sqrt{1 - \frac{v^2}{c^2}}} E + \frac{1 + \frac{v}{c}\cos\alpha}{\sqrt{1 - \frac{v^2}{c^2}}} E = \frac{E}{\sqrt{1 - \frac{v^2}{c^2}}} \tag{3.5}$$

Övning 3:
Om hastigheten är låg jämfört med ljusets hastighet är kvoten $\frac{v^2}{c^2}$ liten, vilket innebär att vi kan göra en Taylorutveckling i denna kvot med bara två termer[2]. Om vi definiera funktionen

$$f\left(\frac{v^2}{c^2}\right) = \frac{E}{\sqrt{1 - \frac{v^2}{c^2}}} \tag{3.6}$$

Då blir $f(0) = E$. Deriverar vi funktionen får vi

$$f'\left(\frac{v^2}{c^2}\right) = \frac{E}{2\left(1 - \frac{v^2}{c^2}\right)} \tag{3.7}$$

vilket ger $f'(0) = \frac{E}{2}$. Taylorutvecklingen blir alltså

$$\frac{E}{\sqrt{1 - \frac{v^2}{c^2}}} \approx E + \frac{Ev^2}{2c^2} \tag{3.8}$$

vilket var det som skulle visas.

[2]D.v.s. approximationen $f(x) \approx f(0) + f'(0)x$.

Övning 4:
Här gäller det att hitta lämpliga ekvationer för att relatera olika storheter till varandra. Många val är möjliga, men följande är kanske enklast:

$E = mc^2$ ger att massa har samma enhet som energi om vi sätter $c = 1$.
$E = pc$ (för masslösa partiklar) ger att rörelsemängd och energi har samma enhet om vi sätter $c = 1$.
$\Delta x > \frac{\hbar}{\Delta p}$ ger att längd har den inversa enheten jämfört med rörelsmängd om vi sätter $\hbar = 1$.
$x = ct$ (för saker som rör sig med ljusets hastighet) ger att tid har samma enhet som längd om vi sätter $c = 1$.

Övning 5:
Det relativistiska utrycket för rörelsemängd är $p = \frac{mv}{\sqrt{1-v^2}}$. Vi sätter in detta uttryck i relationen mellan energi, rörelsemägd och massa

$$\begin{aligned} E = p^2 + m^2 = \frac{m^2v^2}{1-v^2} + m^2 = \\ = \frac{m^2v^2 + m^2(1-v^2)}{1-v^2} = \frac{m^2}{1-v^2} \end{aligned} \tag{3.9}$$

Om vi tar kvadratroten ur denna ekvation får vi

$$E = \frac{m}{\sqrt{1-v^2}} \tag{3.10}$$

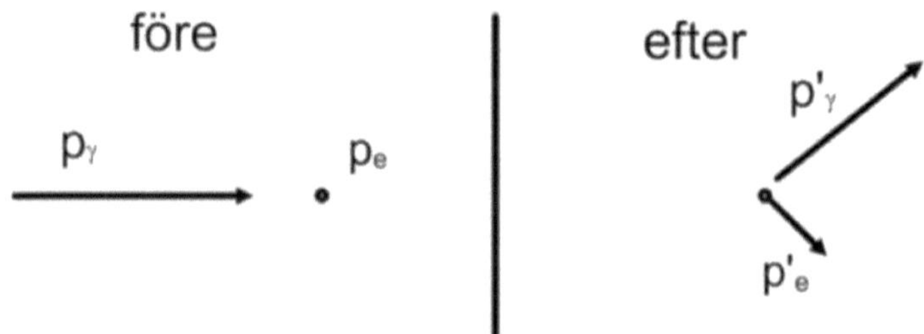

Figur 3.2: Före och efter en foton har spridits mot en elektron.

vilket är uttrycket för energi från gymnasiefysikkursen.

Övning 6:
Utifrån definitionerna av skalärprodukt mellan fyrvektorer och fyrrörelsemängd får vi

$$p^{\mu}p_{\mu} = E^2 - \bar{p} \cdot \bar{p} = E^2 - p^2 \tag{3.11}$$

Uttrycket från föregående övning ger sedan $E^2 - p^2 = m^2$.

Övning 7:
Figur 3.2 visar processen före och efter fotonen har spridits mot elektronen. Elektronen ligger still innan spridningen. Fyrrörelsemängderna blir då

$$\begin{aligned} p_\gamma &= (E_\gamma, \bar{p}_\gamma) \\ p_e &= (m_e, 0, 0, 0) \\ p'_\gamma &= \left(E'_\gamma, \bar{p}'_\gamma\right) \\ p'_e &= (E_e, \bar{p}_e) \end{aligned} \tag{3.12}$$

och bevarande av fyrrörelsemängd ger

$$p_\gamma + p_e = p'_\gamma + p'_e \tag{3.13}$$

Vi är inte intresserade av elektronen efter spridningen. Tricket är då att få den fyrrörelsemängden ensam på ena sidan likhetstecknet och sedan kvadrera. Som visats i förra uppgiften kommer den då bara bli kvadraten på elektronens massa.

$$\begin{aligned} & p_\gamma + p_e - p'_\gamma = p'_e \\ & \Rightarrow \left(p_\gamma + p_e - p'_\gamma\right)^2 = p'^2_e \\ & \Rightarrow p^2_\gamma + p^2_e + p'^2_\gamma + 2p_\gamma p_e - 2p_\gamma p'_\gamma - 2p_e p'_\gamma = m^2_e \\ & \Rightarrow m^2_e + 2p_\gamma p_e - 2p_\gamma p'_\gamma - 2p_e p'_\gamma = m^2_e \\ & \Rightarrow 2p_\gamma p_e - 2p_\gamma p'_\gamma - 2p_e p'_\gamma = 0 \\ & \Rightarrow 2E_\gamma m_e - 2E_\gamma E'_\gamma + 2\bar{p}_\gamma \cdot \bar{p}'_\gamma - 2m_e E'_\gamma = 0 \end{aligned} \tag{3.14}$$

Om fotonen sprids med vinkeln θ blir skalärprodukten mellan fotonens rörelsemängd före respektive efter spridningen

$$\bar{p}_\gamma \cdot \bar{p}'_\gamma = |\bar{p}_\gamma||\bar{p}'_\gamma| \cos\theta = E_\gamma E'_\gamma \cos\theta \tag{3.15}$$

så ekvation 3.14 blir

$$2E_\gamma m_e - 2E_\gamma E'_\gamma(1 - \cos\theta) - 2m_e E'_\gamma = 0 \tag{3.16}$$

Om vi löser ut E'_γ får vi det eftersökta uttrycket

$$E'_\gamma = \frac{E_\gamma}{1 + \frac{E_\gamma}{m_e}(1 - \cos\theta)} \tag{3.17}$$

Övning 8:
Sambandet mellan våglägd och energi ges av

$$\lambda = \frac{1}{E} \tag{3.18}$$

vilket ger

$$\begin{aligned} \Delta\lambda = \lambda' - \lambda = \frac{1}{E'} - \frac{1}{E} = \\ = \frac{1 + \frac{E_\gamma}{m_e}(1 - \cos\theta)}{E} - \frac{1}{E} = \\ \frac{\frac{E_\gamma}{m_e}(1 - \cos\theta)}{E} = \frac{1}{m_e}(1 - \cos\theta) \end{aligned} \tag{3.19}$$

Övning 9:
Vi börjar med att undersöka termen $\partial^\mu \partial_\mu \psi$. Detta är en andraderivata av vågfunktionen med avseende på rumtidskoordinaterna x^μ, så

$$\begin{aligned}\partial^\mu \partial_\mu \psi = \partial^\mu \partial_\mu A e^{-ip^\mu x_\mu} = \\ = (-i)^2 p^\mu p_\mu A e^{-ip^\mu x_\mu} = -p^\mu p_\mu \psi\end{aligned} \tag{3.20}$$

I övning 6 visade vi att $p^\mu p_\mu = m^2$. Det ger att vänsterledet i Klein-Gordonekvationen blir

$$(\partial^\mu \partial_\mu + m^2)\psi = (-p^\mu p_\mu + m^2)\psi = (-m^2 + m^2)\psi \tag{3.21}$$

vilket uppenbarligen är 0, så $\psi = A e^{-ip^\mu x_\mu}$ är en lösning till Klein-Gordonekvationen.

Övning 10:
Enligt definitionen av rörelsemängdsdmomentsoperatorerna får vi

$$\begin{aligned}[L_x, L_y] = [y p_z - z p_y, z p_x - x p_z] \\ [L_y, L_z] = [z p_x - x p_z, x p_y - y p_x] \\ [L_z, L_x] = [x p_y - y p_x, y p_z - z p_y]\end{aligned} \tag{3.22}$$

Om vi drar oss till minnes att de enda operatorer som inte kommuterar med varandra här är rörelsemängds- och lägesoperatorer i samma ledd, kan detta förenklas till

$$
\begin{aligned}
[L_x, L_y] &= yp_x[p_z, z] + p_y x[z, p_z] = -iyp_x + ip_y x = iL_z \\
[L_y, L_z] &= zp_y[p_x, x] + p_z y[x, p_x] = -izp_y + ip_z y = iL_x \\
[L_z, L_x] &= xp_z[p_y, y] + p_x z[y, p_y] = -ixp_z + ip_x z = iL_y
\end{aligned}
\tag{3.23}
$$

Övning 11:
Här är det bara att räkna på

$$
\begin{aligned}
&[L_z, L_+] = [L_z, L_x + iL_y] = [L_z, L_x] + i[L_z, L_y] = \\
&= iL_y - i^2 L_x = L_x + iL_y = L_+
\end{aligned}
\tag{3.24}
$$

och

$$
\begin{aligned}
&[L_z, L_-] = [L_z, L_x - iL_y] = [L_z, L_x] - i[L_z, L_y] = \\
&= iL_y + i^2 L_x = -L_x + iL_y = -L_-
\end{aligned}
\tag{3.25}
$$

Övning 12:
Vi antar, enligt tipset,

$$
L_z \psi = a\psi \tag{3.26}
$$

och tittar sedan på $L_z L_+ \psi$ och $L_z L_- \psi$. Här får vi använda kommutatorerna från föregående övning

$$
\begin{aligned}
L_z L_+ \psi &= (L_+ L_z + [L_z, L_+])\,\psi = (L_+ a + L_+)\,\psi = (a+1) L_+ \psi \\
L_z L_- \psi &= (L_+ L_z + [L_z, L_-])\,\psi = (L_- a - L_-)\,\psi = (a-1) L_+ \psi
\end{aligned} \tag{3.27}
$$

Operatorerna L_+ och L_- stegar alltså upp respektive ner rörelsemängdsmomentet i z-riktningen med steglängden 1.

Övning 13:
De två sista relationerna är redan givna i ekvation 3.21 (i boken). De fyra andra ges från lösningen av ekvationssystemet

$$
\begin{aligned}
S_+ \xi_+ &= (S_x + iS_y)\xi_+ = 0 \\
S_- \xi_- &= (S_x - iS_y)\xi_- = 0 \\
S_- \xi_+ &= (S_x - iS_y)\xi_+ = \xi_- \\
S_+ \xi_- &= (S_x + iS_y)\xi_- = \xi_+
\end{aligned} \tag{3.28}
$$

Lös exempelvis ut $S_x \xi_+$ ur den första ekvationen, vilket ger $S_x \xi_+ = -iS_y \xi_+$. Den tredje ekvationen blir då

$$
\begin{aligned}
& - 2iS_y \xi_+ = \xi_- \\
& \Rightarrow S_y \xi_+ = -\frac{1}{2i}\xi_- = \frac{i}{2}\xi_- \\
& \Rightarrow S_x \xi_+ = -iS_y \xi_+ = -\frac{1}{2}\xi_-
\end{aligned} \tag{3.29}
$$

På samma sätt kan vi sedan lösa ut $S_x\xi_-$ ur den andra ekvationen, vilket ger $S_x\xi_- = iS_y\xi_-$. Den fjärde ekvationen blir då

$$\begin{aligned} &2iS_y\xi_- = \xi_+ \\ &\Rightarrow S_y\xi_- = \frac{1}{2i}\xi_+ = -\frac{i}{2}\xi_+ \\ &\Rightarrow S_x\xi_- = iS_y\xi_- = \frac{1}{2}\xi_+ \end{aligned} \tag{3.30}$$

Övning 14:

Att de två spinnvågfunktionerna är ortogonala innebär att $\int \xi_+^\dagger \xi_d x = 0$. Detta är uppenbart sant eftersom

$$\xi_+^\dagger \xi_- = [10] \begin{bmatrix} 0 \\ 1 \end{bmatrix} = 1 \cdot 0 + 0 \cdot 1 = 0 \tag{3.31}$$

Övning 15:
Detta blir en övning i matrismultiplikation

$$
\begin{aligned}
&[S_x, S_y] = S_x S_y - S_y S_x = \\
&\frac{1}{4}\begin{bmatrix} 0 & 1 \\ 1 & 0 \end{bmatrix}\begin{bmatrix} 0 & -i \\ i & 0 \end{bmatrix} - \frac{1}{4}\begin{bmatrix} 0 & -i \\ i & 0 \end{bmatrix}\begin{bmatrix} 0 & 1 \\ 1 & 0 \end{bmatrix} = \\
&= \frac{1}{4}\begin{bmatrix} i & 0 \\ 0 & -i \end{bmatrix} - \frac{1}{4}\begin{bmatrix} -i & 0 \\ 0 & i \end{bmatrix} = \\
&\frac{1}{2}\begin{bmatrix} i & 0 \\ 0 & -i \end{bmatrix} = \frac{i}{2}\begin{bmatrix} 1 & 0 \\ 0 & -1 \end{bmatrix} = iS_z \\
&[S_y, S_z] = S_y S_z - S_z S_y = \\
&\frac{1}{4}\begin{bmatrix} 0 & -i \\ i & 0 \end{bmatrix}\begin{bmatrix} 1 & 0 \\ 0 & -1 \end{bmatrix} - \frac{1}{4}\begin{bmatrix} 1 & 0 \\ 0 & -1 \end{bmatrix}\begin{bmatrix} 0 & -i \\ i & 0 \end{bmatrix} = \\
&= \frac{1}{4}\begin{bmatrix} 0 & i \\ i & 0 \end{bmatrix} - \frac{1}{4}\begin{bmatrix} 0 & -i \\ -i & 0 \end{bmatrix} = \\
&\frac{1}{2}\begin{bmatrix} 0 & i \\ i & 0 \end{bmatrix} = \frac{i}{2}\begin{bmatrix} 0 & 1 \\ 1 & 0 \end{bmatrix} = iS_x \\
&[S_z, S_x] = S_z S_x - S_x S_z = \\
&\frac{1}{4}\begin{bmatrix} 1 & 0 \\ 0 & -1 \end{bmatrix}\begin{bmatrix} 0 & 1 \\ 1 & 0 \end{bmatrix} - \frac{1}{4}\begin{bmatrix} 0 & 1 \\ 1 & 0 \end{bmatrix}\begin{bmatrix} 1 & 0 \\ 0 & -1 \end{bmatrix} = \\
&= \frac{1}{4}\begin{bmatrix} 0 & 1 \\ -1 & 0 \end{bmatrix} - \frac{1}{4}\begin{bmatrix} 0 & -1 \\ 1 & 0 \end{bmatrix} = \\
&\frac{1}{2}\begin{bmatrix} 0 & 1 \\ -1 & 0 \end{bmatrix} = \frac{i}{2}\begin{bmatrix} 0 & -i \\ i & 0 \end{bmatrix} = iS_y
\end{aligned}
\tag{3.32}
$$

Övning 16:
Ännu mer matrisräkning

$$
\begin{aligned}
S_x\xi_+ &= \frac{1}{2}\begin{bmatrix} 0 & 1 \\ 1 & 0 \end{bmatrix}\begin{bmatrix} 1 \\ 0 \end{bmatrix} = \frac{1}{2}\begin{bmatrix} 0 \\ 1 \end{bmatrix} = \frac{1}{2}\xi_- \\
S_x\xi_- &= \frac{1}{2}\begin{bmatrix} 0 & 1 \\ 1 & 0 \end{bmatrix}\begin{bmatrix} 0 \\ 1 \end{bmatrix} = \frac{1}{2}\begin{bmatrix} 1 \\ 0 \end{bmatrix} = \frac{1}{2}\xi_+ \\
S_y\xi_+ &= \frac{1}{2}\begin{bmatrix} 0 & -i \\ i & 0 \end{bmatrix}\begin{bmatrix} 1 \\ 0 \end{bmatrix} = \frac{1}{2}\begin{bmatrix} 0 \\ i \end{bmatrix} = \frac{i}{2}\xi_- \\
S_y\xi_- &= \frac{1}{2}\begin{bmatrix} 0 & -i \\ i & 0 \end{bmatrix}\begin{bmatrix} 0 \\ 1 \end{bmatrix} = \frac{1}{2}\begin{bmatrix} -i \\ 0 \end{bmatrix} = -\frac{i}{2}\xi_+ \\
S_z\xi_+ &= \frac{1}{2}\begin{bmatrix} 1 & 0 \\ 0 & -1 \end{bmatrix}\begin{bmatrix} 1 \\ 0 \end{bmatrix} = \frac{1}{2}\begin{bmatrix} 1 \\ 0 \end{bmatrix} = \frac{1}{2}\xi_+ \\
S_z\xi_- &= \frac{1}{2}\begin{bmatrix} 1 & 0 \\ 0 & -1 \end{bmatrix}\begin{bmatrix} 0 \\ 1 \end{bmatrix} = \frac{1}{2}\begin{bmatrix} 0 \\ -1 \end{bmatrix} = -\frac{1}{2}\xi_-
\end{aligned}
\tag{3.33}
$$

Övning 17:
Hermitkonjugat innebär transponat och komplexkonjugering, vilket innebär

$$
\begin{aligned}
\sigma_x^\dagger &= (\sigma_x^*)^T = \begin{bmatrix} 0 & 1 \\ 1 & 0 \end{bmatrix}^T = \begin{bmatrix} 0 & 1 \\ 1 & 0 \end{bmatrix} = \sigma_x \\
\sigma_y^\dagger &= (\sigma_y^*)^T = \begin{bmatrix} 0 & i \\ -i & 0 \end{bmatrix}^T = \begin{bmatrix} 0 & -i \\ i & 0 \end{bmatrix} = \sigma_y \\
\sigma_z^\dagger &= (\sigma_z^*)^T = \begin{bmatrix} 1 & 0 \\ 0 & -1 \end{bmatrix}^T = \begin{bmatrix} 1 & 0 \\ 0 & -1 \end{bmatrix} = \sigma_z
\end{aligned}
\tag{3.34}
$$

Övning 18:
Om operatorn i vänsterledet i ekvation 3.28 (i boken) får vi

$$
\begin{aligned}
&\left(a\frac{\partial}{\partial x}+b\frac{\partial}{\partial y}+c\frac{\partial}{\partial z}+id\frac{\partial}{\partial t}\right)^2 = \\
&= a^2\frac{\partial^2}{\partial x^2}+b^2\frac{\partial^2}{\partial y^2}+c^2\frac{\partial^2}{\partial z^2}-d^2\frac{\partial^2}{\partial t^2}+ \\
&+(ab+ba)\frac{\partial^2}{\partial x\partial y}+(bc+cb)\frac{\partial^2}{\partial y\partial z}+i(cd+dc)\frac{\partial^2}{\partial z\partial t}+ \\
&+i(da+ad)\frac{\partial^2}{\partial t\partial x}+(ac+ca)\frac{\partial^2}{\partial x\partial z}+i(bd+db)\frac{\partial^2}{\partial y\partial t}
\end{aligned}
\tag{3.35}
$$

För att detta ska bli differentialoperatorn i Klein-Gordonekvationen, $\frac{\partial^2}{\partial x^2}+\frac{\partial^2}{\partial y^2}+\frac{\partial^2}{\partial z^2}-\frac{\partial^2}{\partial t^2}$, måste blandtermerna försvinn vilket ger villkoret att antikommutatorn mellan de olika koefficienterna är noll. Övriga termer ska ha koefficienten 1, vilket ger villkoret $a^2=b^2=c^2=d^2=1$.

Övning 19:
Minkowskimetriken ges av

$$
\eta^{\mu\nu}=\begin{bmatrix} 1 & 0 & 0 & 0 \\ 0 & -1 & 0 & 0 \\ 0 & 0 & -1 & 0 \\ 0 & 0 & 0 & -1 \end{bmatrix}
\tag{3.36}
$$

Låt oss titta på antikommutatorn $\{\gamma^\mu,\gamma^\nu\}=2\eta^{\mu\nu}$ komponent för komponent

$$
\begin{aligned}
\{\gamma^0,\gamma^0\} &= \{d,d\} = d^2 + d^2 = 2d^2 = 2\\
\{\gamma^0,\gamma^1\} &= \{d,ia\} = -i\{d,a\} = 0\\
\{\gamma^0,\gamma^2\} &= \{d,ib\} = -i\{d,b\} = 0\\
\{\gamma^0,\gamma^3\} &= \{d,ic\} = -i\{d,c\} = 0\\
\{\gamma^1,\gamma^0\} &= \{ia,d\} = -i\{a,d\} = 0\\
\{\gamma^1,\gamma^1\} &= \{ia,ia\} = i^2\{a,a\} = -a^2 - a^2 = -2a^2 = -2\\
\{\gamma^1,\gamma^2\} &= \{ia,ib\} = i^2\{a,b\} = 0\\
\{\gamma^1,\gamma^3\} &= \{ia,ic\} = i^2\{a,c\} = 0\\
\{\gamma^2,\gamma^0\} &= \{ib,d\} = i\{b,d\} = 0\\
\{\gamma^2,\gamma^1\} &= \{ib,ia\} = i^2\{b,a\} = 0\\
\{\gamma^2,\gamma^2\} &= \{ib,ib\} = i^2\{b,b\} = -b^2 - b^2 = -2b^2 = -2\\
\{\gamma^2,\gamma^3\} &= \{ib,ic\} = i^2\{b,c\} = 0\\
\{\gamma^3,\gamma^0\} &= \{ic,d\} = i\{c,d\} = 0\\
\{\gamma^3,\gamma^1\} &= \{ic,ia\} = i^2\{c,a\} = 0\\
\{\gamma^3,\gamma^2\} &= \{ic,ib\} = i^2\{c,b\} = 0\\
\{\gamma^3,\gamma^3\} &= \{ic,ic\} = i^2\{c,c\} = -c^2 - c^2 = -2c^2 = -2
\end{aligned}
\tag{3.37}
$$

Vi ser här att detta är inget annat än $a^2 = b^2 = c^2 = d^2 = 1$ samt $\{A,B\} = 0$ för $A \neq B$.

Övning 20:
Vi börjar med att räkna ut kvadraterna på matriserna

$$\begin{aligned}
\left(\gamma^0\right)^2 &= \begin{bmatrix} I & 0 \\ 0 & -I \end{bmatrix} \begin{bmatrix} I & 0 \\ 0 & -I \end{bmatrix} = \begin{bmatrix} I & 0 \\ 0 & I \end{bmatrix} = I \\
\left(\gamma^i\right)^2 &= \begin{bmatrix} 0 & \sigma_i \\ -\sigma_i & 0 \end{bmatrix} \begin{bmatrix} 0 & \sigma_i \\ -\sigma_i & 0 \end{bmatrix} = \begin{bmatrix} -\sigma_i^2 & 0 \\ 0 & -\sigma_i^2 \end{bmatrix} = \\
&= \begin{bmatrix} -I & 0 \\ 0 & -I \end{bmatrix} = -I
\end{aligned} \tag{3.38}$$

där $i = 1, 2, 3$ (eller x, y, z). Dessa stämmer alltså. Återstår antikommutatorerna. Antikommutatorn mellan γ^0 och övriga blir

$$\begin{aligned}
\{\gamma^0, \gamma^i\} &= \begin{bmatrix} I & 0 \\ 0 & -I \end{bmatrix} \begin{bmatrix} 0 & \sigma_i \\ -\sigma_i & 0 \end{bmatrix} + \begin{bmatrix} 0 & \sigma_i \\ -\sigma_i & 0 \end{bmatrix} \begin{bmatrix} I & 0 \\ 0 & -I \end{bmatrix} = \\
&= \begin{bmatrix} 0 & \sigma_i \\ \sigma_i & 0 \end{bmatrix} + \begin{bmatrix} 0 & -\sigma_i \\ -\sigma_i & 0 \end{bmatrix} = 0
\end{aligned} \tag{3.39}$$

För matris $i \neq j$ får vi

$$\{\gamma^i, \gamma^j\} = \begin{bmatrix} 0 & \sigma_i \\ -\sigma_i & 0 \end{bmatrix} \begin{bmatrix} 0 & \sigma_j \\ -\sigma_j & 0 \end{bmatrix} + \begin{bmatrix} 0 & \sigma_j \\ -\sigma_j & 0 \end{bmatrix} \begin{bmatrix} 0 & \sigma_i \\ -\sigma_i & 0 \end{bmatrix} =$$
$$= \begin{bmatrix} -\sigma_i\sigma_j & 0 \\ 0 & -\sigma_i\sigma_j \end{bmatrix} + \begin{bmatrix} -\sigma_j\sigma_i & 0 \\ 0 & -\sigma_j\sigma_i \end{bmatrix} =$$
$$= - \begin{bmatrix} \{\sigma_i\sigma_j\} & 0 \\ 0 & \{\sigma_i\sigma_j\} \end{bmatrix} = 0 \tag{3.40}$$

eftersom $\{\sigma_i\sigma_j\} = 0$, vilket lätt inses

$$\{\sigma_x\sigma_y\} = \begin{bmatrix} 0 & 1 \\ 1 & 0 \end{bmatrix} \begin{bmatrix} 0 & -i \\ i & 0 \end{bmatrix} + \begin{bmatrix} 0 & -i \\ i & 0 \end{bmatrix} \begin{bmatrix} 0 & 1 \\ 1 & 0 \end{bmatrix} =$$
$$= \begin{bmatrix} i & 0 \\ 0 & -i \end{bmatrix} + \begin{bmatrix} -i & 0 \\ 0 & i \end{bmatrix} = 0$$
$$\{\sigma_y\sigma_z\} = \begin{bmatrix} 0 & -i \\ i & 0 \end{bmatrix} \begin{bmatrix} 1 & 0 \\ 0 & -1 \end{bmatrix} + \begin{bmatrix} 1 & 0 \\ 0 & -1 \end{bmatrix} \begin{bmatrix} 0 & -i \\ i & 0 \end{bmatrix} =$$
$$= \begin{bmatrix} 0 & i \\ -i & 0 \end{bmatrix} + \begin{bmatrix} 0 & -i \\ i & 0 \end{bmatrix} = 0$$
$$\{\sigma_x\sigma_z\} = \begin{bmatrix} 0 & 1 \\ 1 & 0 \end{bmatrix} \begin{bmatrix} 1 & 0 \\ 0 & -1 \end{bmatrix} + \begin{bmatrix} 1 & 0 \\ 0 & -1 \end{bmatrix} \begin{bmatrix} 0 & 1 \\ 1 & 0 \end{bmatrix} =$$
$$= \begin{bmatrix} 0 & -1 \\ 1 & 0 \end{bmatrix} + \begin{bmatrix} 0 & 1 \\ -1 & 0 \end{bmatrix} = 0 \tag{3.41}$$

Övning 21:
Låt oss förenkla vänsterledet

$$(i\gamma^\mu\partial_\mu - m)\psi = \left(i(\gamma^0\frac{\partial}{\partial t} - \gamma^1\frac{\partial}{\partial x} - \gamma^2\frac{\partial}{\partial y} - \gamma^3\frac{\partial}{\partial z}) - m\right)\psi =$$
$$= \left(i(d\frac{\partial}{\partial t} - ia\frac{\partial}{\partial x} - ib\frac{\partial}{\partial y} - ic\frac{\partial}{\partial z}) - m\right)\psi =$$
$$= \left(id\frac{\partial}{\partial t} + a\frac{\partial}{\partial x} + b\frac{\partial}{\partial y} + c\frac{\partial}{\partial z} - m\right)\psi \tag{3.42}$$

Om detta uttryck sätts lika med 0 får vi den inledande ekvationen.

Övning 22:
Kom ihåg att ∂_μ är deraivator med avseende på rum-tidskoordinateran x^μ, så att $\partial_\mu\psi = \partial_\mu\left(ue^{-ip^\mu x_\mu}\right) = -ip^\mu ue^{-ip^\mu x_\mu}$. Diracekvationen blir då

$$(i(-i)\gamma^\mu p_\mu - m)ue^{-ip^\mu x_\mu} = 0 \tag{3.43}$$

Multipliceras båda sidor med $e^{ip^\mu x_\mu}$ får vi

$$(\gamma^\mu p_\mu - m)u = 0 \tag{3.44}$$

Övning 23:
Om partikeln står still får vi $p_\mu = (E, 0, 0, 0)$. De tre sista termerna i skalärprodukten blir således 0 och allt som blir kvar är

$$\begin{aligned}&(\gamma^0 E - m)u = 0\\&\Rightarrow \gamma^0 Eu = mu\end{aligned} \tag{3.45}$$

Om vi multiplicerar båda sidor med γ^0 och kommer ihåg att $(\gamma^0)^2 = 1$ får vi

$$Eu = \gamma^0 mu \tag{3.46}$$

eller med γ^0 utskriven som matris

$$Eu = \begin{bmatrix} mI & 0 \\ 0 & -mI \end{bmatrix} u \tag{3.47}$$

Övning 24:
Kvadraten på den nya γ^0-matrisen blir

$$\left(\gamma^0\right)^2 = \begin{bmatrix} 0 & I \\ I & 0 \end{bmatrix} \begin{bmatrix} 0 & I \\ I & 0 \end{bmatrix} = \begin{bmatrix} I & 0 \\ 0 & I \end{bmatrix} = I \tag{3.48}$$

så det stämmer. De andra matrisernas kvadrater blir fortfarande 1, eftersom vi bara bytt tecken på dem. Antikommutatorerna med de andra matriserna blir

$$\{\gamma^0, \gamma^i\} = \begin{bmatrix} 0 & I \\ I & 0 \end{bmatrix} \begin{bmatrix} 0 & -\sigma_i \\ \sigma_i & 0 \end{bmatrix} + \begin{bmatrix} 0 & -\sigma_i \\ \sigma_i & 0 \end{bmatrix} \begin{bmatrix} 0 & I \\ I & 0 \end{bmatrix} =$$
$$= \begin{bmatrix} \sigma_i & 0 \\ 0 & -\sigma_i \end{bmatrix} + \begin{bmatrix} -\sigma_i & 0 \\ 0 & \sigma_i \end{bmatrix} = 0 \tag{3.49}$$

så det stämmer också.

Övning 25:
Vi utgår från följande form av Diracekvationen

$$(\gamma^\mu p_\mu - m)\psi = 0 \tag{3.50}$$

Vänsterledet skrivet i matrisform blir

$$(\gamma^0 E - \bar{\gamma}\bar{p} - mI)\psi =$$
$$= \left(\begin{bmatrix} 0 & E \\ E & 0 \end{bmatrix} - \begin{bmatrix} 0 & -\bar{\sigma}\bar{p} \\ \bar{\sigma}\bar{p} & 0 \end{bmatrix} - \begin{bmatrix} mI & 0 \\ 0 & mI \end{bmatrix} \right) \begin{bmatrix} \psi_R \\ \psi_L \end{bmatrix} =$$
$$= \begin{bmatrix} -mI & E + \bar{\sigma}\bar{p} \\ E - \bar{\sigma}\bar{p} & -mI \end{bmatrix} \begin{bmatrix} \psi_R \\ \psi_L \end{bmatrix} \tag{3.51}$$

Övning 26:
För masslösa partiklar har vi $|\bar{p}| = E$, så att $\bar{\sigma}\bar{p} = E\bar{\sigma}\hat{p}$. Ekvationerna blir då

$$\begin{aligned}(E + E\bar{\sigma}\hat{p})\psi_L = 0 \\ (E - E\bar{\sigma}\hat{p})\psi_R = 0\end{aligned} \tag{3.52}$$

Division med E och omflyttning av termerna ger

$$\begin{aligned}\bar{\sigma}\hat{p}\psi_L = -\psi_L \\ \bar{\sigma}\hat{p}\psi_R = \psi_R\end{aligned} \tag{3.53}$$

vilket visar att operatorn $\bar{\sigma}\hat{p}$ har egenvärdena ± 1 för ψ_R respektive ψ_L.

Övning 27:
Här ärdet bara att utföra matrismultiplikationen från Diracekvationen

$$\begin{bmatrix} -mI & E + \bar{\sigma}\bar{p} \\ E - \bar{\sigma}\bar{p} & -mI \end{bmatrix} \begin{bmatrix} \psi_R \\ \psi_L \end{bmatrix} = \begin{bmatrix} -m\psi_R + (E + \bar{\sigma}\bar{p})\psi_L \\ (E - \bar{\sigma}\bar{p})\psi_R - m\psi_L \end{bmatrix} = \begin{bmatrix} 0 \\ 0 \end{bmatrix} \tag{3.54}$$

Ekvationerna för de två elementen blir alltså

$$\begin{aligned}(E + \bar{\sigma}\bar{p})\psi_L - m\psi_R = 0 \\ (E - \bar{\sigma}\bar{p})\psi_R - m\psi_L = 0\end{aligned} \tag{3.55}$$

eller

$$\begin{aligned} \psi_R &= \frac{E + \bar{\sigma}\bar{p}}{m}\psi_L \\ \psi_L &= \frac{E - \bar{\sigma}\bar{p}}{m}\psi_R \end{aligned} \tag{3.56}$$

Övning 28:
Här får vi en lång rad matrismultiplikationer

$$\begin{aligned} &\gamma^5 = i\gamma^0\gamma^1\gamma^2\gamma^3 = \\ &= i \begin{bmatrix} 0 & I \\ I & 0 \end{bmatrix} \begin{bmatrix} 0 & -\sigma_x \\ \sigma_x & 0 \end{bmatrix} \begin{bmatrix} 0 & -\sigma_y \\ \sigma_y & 0 \end{bmatrix} \begin{bmatrix} 0 & -\sigma_z \\ \sigma_z & 0 \end{bmatrix} = \\ &= i \begin{bmatrix} 0 & I \\ I & 0 \end{bmatrix} \begin{bmatrix} 0 & -\sigma_x \\ \sigma_x & 0 \end{bmatrix} \begin{bmatrix} -\sigma_y\sigma_z & 0 \\ 0 & -\sigma_y\sigma_z \end{bmatrix} = \\ &= i \begin{bmatrix} 0 & I \\ I & 0 \end{bmatrix} \begin{bmatrix} 0 & \sigma_x\sigma_y\sigma_z \\ -\sigma_x\sigma_y\sigma_z & 0 \end{bmatrix} = \\ &= i \begin{bmatrix} -\sigma_x\sigma_y\sigma_z & 0 \\ 0 & \sigma_x\sigma_y\sigma_z \end{bmatrix} \end{aligned} \tag{3.57}$$

Vad blir då matrismultiplikationen $\sigma_x\sigma_y\sigma_z$?

$$\begin{aligned} \sigma_x\sigma_y\sigma_z &= \begin{bmatrix} 0 & 1 \\ 1 & 0 \end{bmatrix} \begin{bmatrix} 0 & -i \\ i & 0 \end{bmatrix} \begin{bmatrix} 1 & 0 \\ 0 & -1 \end{bmatrix} = \\ &= \begin{bmatrix} 0 & 1 \\ 1 & 0 \end{bmatrix} \begin{bmatrix} 0 & i \\ i & 0 \end{bmatrix} = \begin{bmatrix} i & 0 \\ 0 & i \end{bmatrix} = iI \end{aligned} \tag{3.58}$$

så

$$
\begin{aligned}
\gamma^5 = i \begin{bmatrix} -\sigma_x\sigma_y\sigma_z & 0 \\ 0 & \sigma_x\sigma_y\sigma_z \end{bmatrix} = i \begin{bmatrix} -iI & 0 \\ 0 & iI \end{bmatrix} = \\
= \begin{bmatrix} I & 0 \\ 0 & -I \end{bmatrix}
\end{aligned}
\tag{3.59}
$$

Övning 29:
Att de två operatorerna bör bli

$$
\begin{aligned}
P_R = \begin{bmatrix} I & 0 \\ 0 & 0 \end{bmatrix} \\
P_L = \begin{bmatrix} 0 & 0 \\ 0 & I \end{bmatrix}
\end{aligned}
\tag{3.60}
$$

inses lätt, eftersom

$$
\begin{aligned}
\begin{bmatrix} I & 0 \\ 0 & 0 \end{bmatrix} \begin{bmatrix} \psi_R \\ \psi_L \end{bmatrix} = \begin{bmatrix} \psi_R \\ 0 \end{bmatrix} \\
\begin{bmatrix} 0 & 0 \\ 0 & I \end{bmatrix} = \begin{bmatrix} 0 \\ \psi_L \end{bmatrix}
\end{aligned}
\tag{3.61}
$$

Att visa att de givna uttrycken ger dessa operatorer är inte heller svårt

$$\frac{1}{2}(1+\gamma^5) = \frac{1}{2}\begin{bmatrix} I+I & 0 \\ 0 & I-I \end{bmatrix} = \frac{1}{2}\begin{bmatrix} 2I & 0 \\ 0 & 0 \end{bmatrix} = \begin{bmatrix} I & 0 \\ 0 & 0 \end{bmatrix}$$
$$\frac{1}{2}(1-\gamma^5) = \frac{1}{2}\begin{bmatrix} I-I & 0 \\ 0 & I+I \end{bmatrix} = \frac{1}{2}\begin{bmatrix} 0 & 0 \\ 0 & 2I \end{bmatrix} = \begin{bmatrix} 0 & 0 \\ 0 & I \end{bmatrix} \tag{3.62}$$

Övning 30:
Det här är ren matrisräkning

$$\begin{aligned} P_R^2 &= \begin{bmatrix} I & 0 \\ 0 & 0 \end{bmatrix}\begin{bmatrix} I & 0 \\ 0 & 0 \end{bmatrix} = \begin{bmatrix} I & 0 \\ 0 & 0 \end{bmatrix} = P_R \\ P_L^2 &= \begin{bmatrix} 0 & 0 \\ 0 & I \end{bmatrix}\begin{bmatrix} 0 & 0 \\ 0 & I \end{bmatrix} = \begin{bmatrix} 0 & 0 \\ 0 & I \end{bmatrix} = P_L \\ P_R + P_L &= \begin{bmatrix} I & 0 \\ 0 & 0 \end{bmatrix} + \begin{bmatrix} 0 & 0 \\ 0 & I \end{bmatrix} = \begin{bmatrix} I & 0 \\ 0 & I \end{bmatrix} = I \end{aligned} \tag{3.63}$$

Kapitel 4

Kvantfältteori - en skiss

Övning 1:
Från kapitel 2 har vi[1] $[c_-, c_+] = 2m\omega$. För våra nya stegoperatorer får vi då

$$[a_-(p), a_+(p)] = \frac{c_-}{\sqrt{2m\omega}}\frac{c_+}{\sqrt{2m\omega}} - \frac{c_+}{\sqrt{2m\omega}}\frac{c_-}{\sqrt{2m\omega}} = \\ = \frac{[c_-, c_+]}{2m\omega} = \frac{2m\omega}{2m\omega} = 1 \tag{4.1}$$

Övning 2:
Eftersom $a_-|n_0\rangle = 0$ får vi direkt $N|n_0\rangle = a_+a_-|n_0\rangle = 0$. Låt oss nu titta på $Na_+|n\rangle$.

$$\begin{aligned} Na_+|n\rangle &= a_+a_-a_+|n\rangle = \\ &= a_+(a_+a_- + [a_-, a_+])|n\rangle = a_+(N+1)|n\rangle \end{aligned} \tag{4.2}$$

Nu kan vi använda induktionsantagandet $N|n\rangle = n$ och få

$$Na_+|n\rangle = a_+(n+1)|n\rangle = (n+1)a_+|n\rangle \tag{4.3}$$

Vi har nu visat att tillståndet $|n\rangle$ är egenvärde till N med egenvärdet n för det lägsta tillståndet $|n_0\rangle$, samt att om det gäller för tillståndet $|n\rangle$ gäller det också för $|n+1\rangle$.

[1]Kom ihåg att vi nu satt $\hbar = 1$.

Induktionsbeviset är alltså klart och vi har visat att det gäller för alla tillstånd.

Övning 3:
Vi tar oss an uppgiften genom att införa ett tal α, sådant att $a_-|n\rangle = \alpha|n-1\rangle$. Uppgiften blir då att bestämma α. Det kan göras genom att betrakta normen[2] av $a_-|n\rangle$

$$\langle n|a_+a_-|n\rangle = \langle n-1|\alpha^*\alpha|n-1\rangle = \alpha^*\alpha\langle n-1|n-1\rangle \quad (4.4)$$

Vi kan dock också räkna ut denna norm genom att använda operatorn N

$$\langle n|a_+a_-|n\rangle = \langle n|N|n\rangle = \langle n|n|n\rangle = n\langle n|n\rangle \quad (4.5)$$

Om dessa två uttryck ska vara samma och vi kräver både $\langle n|n\rangle = 1$ och $\langle n-1|n-1\rangle = 1$ innebär det att $\alpha^*\alpha = n$, eller om α är reelllt $\alpha = \sqrt{n}$.

För a_+ kan vi göra på samma sätt, men i det andra sättet att beräkna måste vi använda en kommutator för att byta plats på opcratorerna

$$\begin{aligned}\langle n|a_-a_+|n\rangle &= \langle n|(a_+a_- + [a_-, a_+])|n\rangle = \langle n|(N+1)|n\rangle = \\ &= \langle n|(N+1)|n\rangle = \langle n|(n+1)|n\rangle = (n+1)\langle n|n\rangle\end{aligned} \quad (4.6)$$

[2]Det inses lätt genom att betrakta definitionen av a_- att $a_-^\dagger = a_+$.

I detta fall får vi alltså istället $\alpha = \sqrt{n+1}$.

Övning 4:
Låt oss verka med $\Psi^\dagger(x)$ på vakuumtillståndet. Varje $a_+(p)$ skapar ett partikel med rörelsemängden p, d.v.s. tillståndet $|p\rangle$. Vi får alltså

$$\Psi^\dagger(x)|0\rangle = \sum_p a_+(p)e^{-ipx}|0\rangle = \sum_p e^{-ipx}|p\rangle \tag{4.7}$$

Men detta är ju precis uttrycket för lägestillståndet $|x\rangle$. $\Psi^\dagger(x)$ skapar alltså en partikel vid x. Om vi istället börjar med en partikel vid x och verkar med $\Psi(x)$ kommer varje $a_-(p)$ förinta en partikel med rörelsemängden p. Vi får

$$\Psi(x)|x\rangle = \sum_p a_-(p)e^{ipx} \sum_p e^{-ipx}|p\rangle \tag{4.8}$$

När summorna multipliceras försvinner alla termer där vi inte har samma p, eftersom $a_-(p)|0\rangle = 0$. Termerna med samma p ger vakuumtillstånden med en koefficient $e^{ipx}e^{-ipx} = 1$. $\Psi(x)$ förintar alltså en partikel vid x

Övning 5:
Utan potential kan Schrödingerekvationen, med $\hbar = 1$, skrivas

$$-\frac{1}{2m}\frac{\partial^2}{\partial x^2}\psi(x,t) - i\frac{\partial}{\partial t}\psi(x,t) = 0 \tag{4.9}$$

Låt oss se vad som händer om vi sätter in vårt kvantfält

$$
\begin{aligned}
&-\frac{1}{2m}\frac{\partial^2}{\partial x^2}\Psi(x,t) - i\frac{\partial}{\partial t}\Psi(x,t) = \\
&= \sum_p a_-(p)\left(-\frac{1}{2m}\frac{\partial^2}{\partial x^2}e^{-i(Et-px)} - i\frac{\partial}{\partial t}e^{-i(Et-px)}\right) = \\
&\sum_p a_-(p)e^{-i(Et-px)}\left(-\frac{1}{2m}(ip)^2 - i(-iE)\right) = \\
&\sum_p a_-(p)e^{-i(Et-px)}\left(\frac{p^2}{2m} - E\right) = 0
\end{aligned}
\tag{4.10}
$$

där vi i sista ledet använt $E = \frac{p^2}{2m}$. $\Psi(x)$ är alltså en lösning till Schrödingerekvationen[3].

Övning 6:
Vi visade i övning 3 att $a_+|n\rangle = \sqrt{n+1}|n+1\rangle$. Det innebär att

$$
\begin{aligned}
a_+|0\rangle &= |1\rangle \\
a_+|1\rangle &= \sqrt{2}|2\rangle
\end{aligned}
\tag{4.11}
$$

Vi får alltså en extra faktor $\sqrt{2}$ om det redan finns en partikel. Eftersom sannolikheten beräknas från kvadraten

[3] $\Psi^\dagger(x)$ är istället en lösning till den hermitkonjugerade Schrödingerekvationen där komplexkonjugeringen gjort att vi bytt tecken framför tidsderivatan.

på koefficienten ger detta dubbelt så stor sannolikhet att skapa en partikel om det redan finns en likadan.

Övning 7:
Vi låter de två sista antikommutatorerna verka på ett tillstånd $|n\rangle$

$$\begin{aligned}\{a_-, a_-\}|n\rangle &= (a_-a_- + a_-a_-)|n\rangle = 2a_-a_-|n\rangle = 0 \\ \{a_+, a_+\}|n\rangle &= (a_+a_+ + a_+a_+)|n\rangle = 2a_+a_+|n\rangle = 0\end{aligned} \tag{4.12}$$

Vad säger då detta? Jo, om vi antingen stegar ned eller upp två gånger från ett tillstånd får vi alltid 0. Om vi börjar i tillståndet $|0\rangle$ kommer vi alltså inte högre än $|1\rangle$. Börjar vi i detta tillstånd $|1\rangle$ kommer vi inte lägre än $|0\rangle$. Det finns alltså bara två tillstånd; antingen en partikel eller ingen partikel.

Övning 8:
Nu är det lätt att visa att den första antikommutatorn följer för de båda tillstånden

$$\begin{aligned}\{a_-, a_+\}|0\rangle &= (a_-a_+ + a_+a_-)|0\rangle = a_-a_+|0\rangle = a_-|1\rangle = |0\rangle \\ \{a_-, a_+\}|1\rangle &= (a_-a_+ + a_+a_-)|1\rangle = a_+a_-|1\rangle = a_+|0\rangle = |1\rangle\end{aligned} \tag{4.13}$$

För båda tillstånden som finns gäller alltså $\{a_-, a_+\} = 1$.

Kapitel 5

Lagrangemekanik - ett sidospår

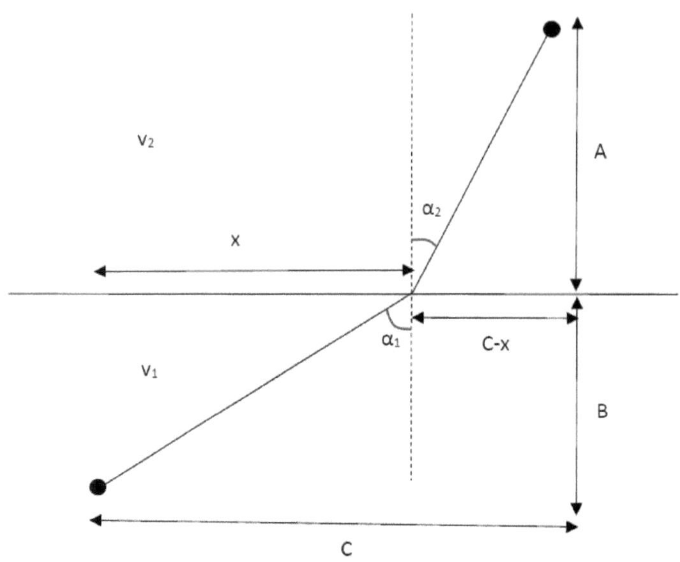

Figur 5.1: Ljus bryts när det går från en punkt i ett medium där det har hastigheten v_1 till en punkt i ett medium där det har hastigheten v_2.

Övning 1:
Vi vill veta med vilken vinkel ljuset ska brytas när det går från ett medium till ett annat för att minimera tiden det tar för det att gå från en punkt i det ena mediet till en punkt i det andra. För att ta reda på det definierar vi längderna enligt figur 5.1. Vilket x minimerar då denna tid? Tiden uttryckt i längder och hastigheter från figur 5.1 blir

$$t(x) = \frac{\sqrt{B^2 + x^2}}{v_1} + \frac{\sqrt{A^2 + (C - x)^2}}{v_2} \tag{5.1}$$

För att minimera behöver vi först derivera[1] denna funktion med avseende på x

$$t'(x) = \frac{x}{v_1\sqrt{B^2 + x^2}} - \frac{C - x}{v_2\sqrt{A^2 + (C - x)^2}} \tag{5.2}$$

För att hitta minimum sätter vi detta uttryck lika med 0 och får då

$$\frac{x}{v_1\sqrt{B^2 + x^2}} = \frac{C - x}{v_2\sqrt{A^2 + (C - x)^2}} \tag{5.3}$$

Vi kan nu identifiera sinus för de i figur 5.1 definierade vinklarna enligt

$$\begin{aligned} \sin\alpha_1 &= \frac{x}{\sqrt{B^2 + x^2}} \\ \sin\alpha_2 &= \frac{C - x}{\sqrt{A^2 + (C - x)^2}} \end{aligned} \tag{5.4}$$

Den väg som minimerar tiden det tar för ljuset att gå mellan punkterna blir alltså den väg där brytningen mellan de två medierna beskrivs av

---

[1] Tänk på inre derivator här!

$$\frac{\sin\alpha_1}{v_1} = \frac{\sin\alpha_2}{v_2} \tag{5.5}$$

vilket vi känner igen som Snells lag.

Övning 2:

Huvudtanken i Bernoullis lösning av problemet är att dela upp kurvan i vertikala lager, se figur 5.2. I lagren längre ned kommer hastigheten vara större eftersom mer potentiell energi omvandlats till rörelseenergi. Om vi kallar lagrets höjdskillnad från startpunkten för h får vi enligt energibevarande

$$\begin{aligned} \frac{mv^2}{2} &= mgy \\ \Rightarrow v &= \sqrt{2gh} \end{aligned} \tag{5.6}$$

Men nu kan vi dra oss till minnes Fermats princip, vilken säger att ljuset alltid tar den väg som tar kortast tid mellan två punkter. Om vi lyckas tänka ut vilken väg ljuset hade tagit har vi alltså hittat den väg som tar kortast tid. När vi går från ett lager till ett annat hade ljuset brytits enligt Snells lag

$$\frac{\sin\alpha_1}{v_1} = \frac{\sin\alpha_2}{v_2} \tag{5.7}$$

Ett annat sätt att skriva detta är att kvoten

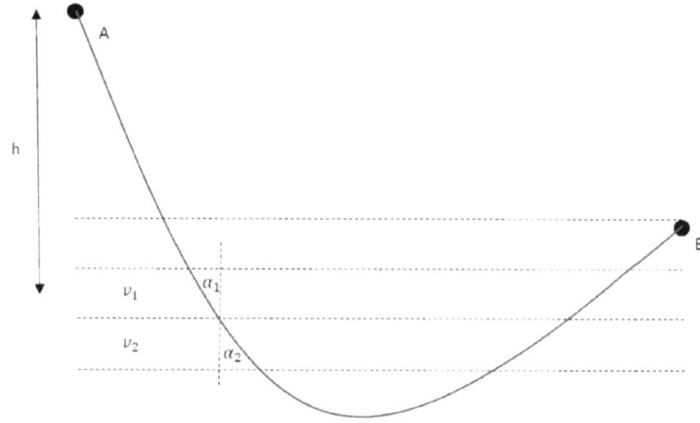

Figur 5.2: För att hitta den väg som tar kortast tid för ett föremål att glida friktionsfritt från punkt A till punkt B under inverkan av tyngdkraften kan vi dela upp bilden i höjdled i olika lager med olika hastighet. Sedan kan vi tänka ut vilken väg ljus hade tagit, vilket enligt Fermats princip är den väg som tar kortast tid.

$$\frac{\sin\alpha}{v} \tag{5.8}$$

är konstant. Om vi använder uttrycket för v från ekvation 5.6 blir kvoten

$$\frac{\sin\alpha}{\sqrt{2gh}} \tag{5.9}$$

Eftersom $2g$ uppenbarligen är en konstant får vi att

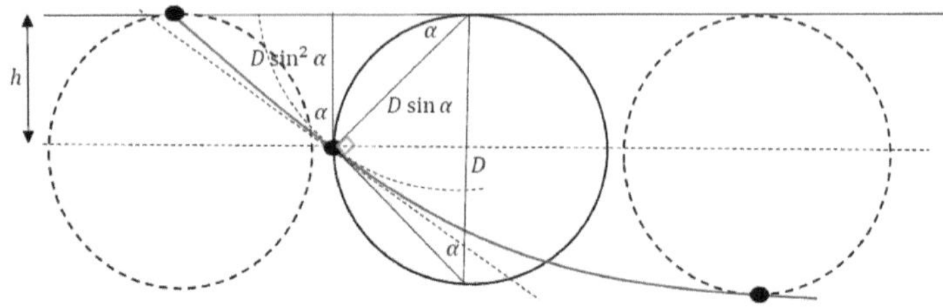

Figur 5.3: Kurvan vilken en ytterpunkt på ett hjul som rullar i taket följer.

$$\frac{\sin \alpha}{\sqrt{h}} \tag{5.10}$$

är en konstant.

Övning 3:

Låt oss titta på kurvan vilken en ytterpunkt på ett hjul som rullar i taket följer, uppritad i figur 5.3. Vi ritar in en triangel med hjulets diameter D som en sida och den motståendevinkeln vid denna ytterpunkt. Vinkeln vid ytterpunkten är enligt Thales sats $\frac{\pi}{2}$. Sidan som förbinder cirkelns ovanpunkt med ytterpunkten längs banan blir alltså $D \sin \alpha$ där α är vinkeln längst ned i triangeln. Låt oss nu bilda en ny triangel med denna sida som hypotenusa och höjden h som katet. Det inses lätt att den icke-rätvinkliga vinkeln vid taket måste vara α. Vi får då för höjden

$$h = D \sin\alpha \sin\alpha = D \sin^2 \alpha \tag{5.11}$$

Momentant vid denna punkt beskrivs kurvan som en rotationsrörelse med sidan $D \sin\alpha$ som radie. Det innebär att kurvan är vinkelrät mot denna sida och att vinkeln mellan kurvan och höjden h därför också blir α. Om vi ordnar om ekvation 5.11 lite får vi

$$\begin{aligned} \frac{\sin^2\alpha}{h} &= \frac{1}{D} \\ \Rightarrow \frac{\sin\alpha}{\sqrt{h}} &= \frac{1}{\sqrt{D}} \end{aligned} \tag{5.12}$$

Eftersom D är konstant under hela kurvan är vi här klara.

Övning 4:
Vid integration av produkten av två funktioner kan partiell integration användas. Partiell integration innebär

$$\int fg dx = [Fg] - \int Fg' dx \tag{5.13}$$

där F är primitv funktion till f. Om vi partialintegrerar första termen i ekvation 5.7 får vi alltså

$$\int_{t_A}^{t_B} \left(\delta\dot{q} \frac{\partial L(\dot{q}, q)}{\partial \dot{q}} + \delta q \frac{\partial L(\dot{q}, q)}{\partial q} \right) dt$$
$$= \left[\delta q \frac{\partial L(\dot{q}, q)}{\partial \dot{q}} \right]_{t_A}^{t_B} - \int_{t_A}^{t_B} \delta q \frac{d}{dt} \frac{\partial L(\dot{q}, q)}{\partial \dot{q}} dt + \int_{t_A}^{t_B} \delta q \frac{\partial L(\dot{q}, q)}{\partial q} dt \tag{5.14}$$

Den första termen i detta uttryck blir 0 eftersom $\delta q = 0$ vid starttiden och sluttiden; vi ska helt enkelt börja och sluta på rätt ställe. Om vi samlar de båda sista termerna under samma integral och bryter ut den gemensamma faktorn δq blir villkoret i ekvation 5.7

$$0 = \int_{t_A}^{t_B} \delta q \left(-\frac{d}{dt} \frac{\partial L(\dot{q}, q)}{\partial \dot{q}} + \frac{\partial L(\dot{q}, q)}{\partial q} \right) dt \tag{5.15}$$

Enligt variationskalkylens fundamentallemma måste uttrycket inom parentesen då vara 0 och vi har nått ram till Euler-Lagranges berömda ekvationer

$$\frac{d}{dt} \left(\frac{\partial L}{\partial \dot{q}} \right) = \frac{\partial L}{\partial q} \tag{5.16}$$

Övning 5:
Massan längst ut på pendeln har en hastighet som ges av $v = l\dot{\theta}$, där l är pendelns längd och θ är vinkeln mellan pendeln och dess lodlinje. Från figur 5.4 inses lätt att om vi sätter $h = 0$ vid massans lägsta punkt ges dess höjd

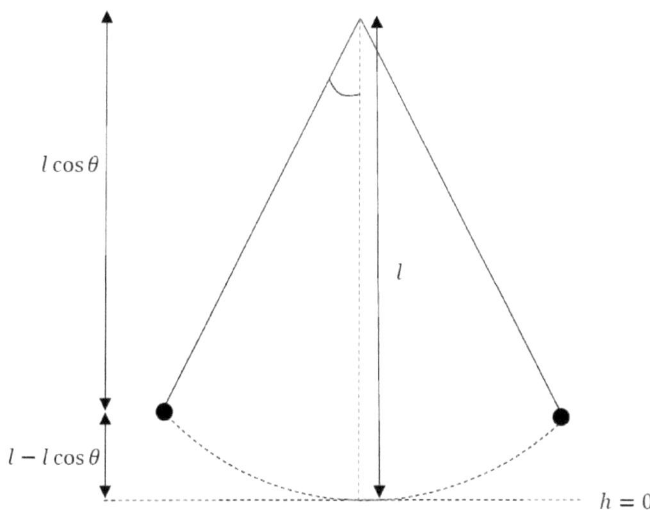

Figur 5.4: En pendel.

vid godtycklig vinkel av $h = l - l\cos\theta$. Vi kan nu ställa upp vår Lagrangefunktion

$$L = T - V = \frac{mv^2}{2} - mgh = \frac{ml^2\dot{\theta}^2}{2} - mgl(1 - \cos\theta) \quad (5.17)$$

vilket ger

$$\frac{d}{dt}\left(\frac{\partial L}{\partial \dot{\theta}}\right) = \frac{d}{dt}\left(ml^2\dot{\theta}\right) = ml^2\ddot{\theta} \quad (5.18)$$

och

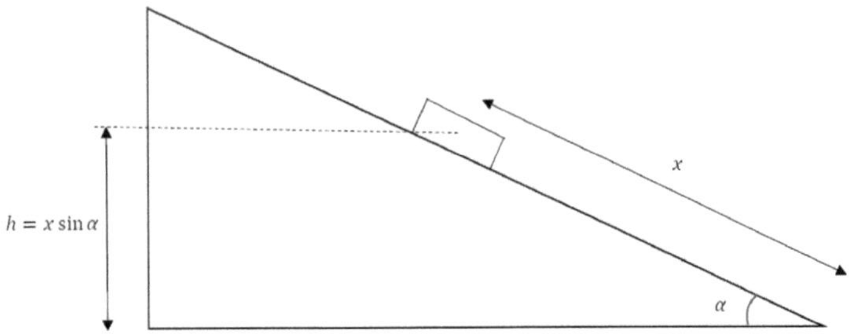

Figur 5.5: Ett föremål på ett lutande plan.

$$\frac{\partial L}{\partial \theta} = -mgl \sin\theta \tag{5.19}$$

Euler-Lagranges ekvation för θ blir alltså

$$ml^2\ddot{\theta} = -mgl \sin\theta \tag{5.20}$$

eller

$$\ddot{\theta} = -\frac{g}{l} \sin\theta \tag{5.21}$$

Övning 6:

Om föremålet befinner sig en sträcka x uppför planet kommer dess höjd vara $h = x \sin\alpha$, se figur 5.5 Lagrangefunktionen blir då

$$L = T - V = \frac{mv^2}{2} - mgh = \frac{m\dot{x}^2}{2} - mgx\sin\alpha \qquad (5.22)$$

vilket ger

$$\frac{d}{dt}\left(\frac{\partial L}{\partial \dot{x}}\right) = \frac{d}{dt}(m\dot{x}) = m\ddot{x} \qquad (5.23)$$

och

$$\frac{\partial L}{\partial x} = -mg\sin\alpha \qquad (5.24)$$

Euler-Lagranges ekvation för x blir alltså

$$m\ddot{x} = -mg\sin\alpha \qquad (5.25)$$

eller

$$\ddot{x} = -g\sin\alpha \qquad (5.26)$$

Övning 7:
Det som skiljer från föregående uppgift är att vi nu får en extra term för rörelseenergin från rotationen när föremålet rullar. Rotationsenergin ges av

$$E_{rot} = \frac{I\dot{\theta}^2}{2} \qquad (5.27)$$

där I är föremålets tröghetsmoment och θ är rotationsvinkeln. För något som rullar gäller rullvillkoret $v = r\dot{\theta}$, vilket ger en energiterm för translationsrörelsen

$$E_k = \frac{mv^2}{2} = \frac{mr^2\dot{\theta}^2}{2} \tag{5.28}$$

Lagrangefunktionen blir alltså i detta fall

$$L = T - V = \frac{mr^2\dot{\theta}^2}{2} + \frac{I\dot{\theta}^2}{2} - mgr\theta \sin\alpha \tag{5.29}$$

där också $x = r\theta$ använts, vilket är en annan form av rullvillkoret. Ställ nu upp Euler-Lagranges ekvationer för θ.

$$\begin{aligned} &\frac{d}{dt}\left(\frac{\partial L}{\partial \dot{\theta}}\right) = \frac{d}{dt}\left(mr^2\dot{\theta} + I\dot{\theta}\right) = \\ &= mr^2\ddot{\theta} + I\ddot{\theta} = mr\ddot{x} + \frac{I}{r}\ddot{x} = \left(mr + \frac{I}{r}\right)\ddot{x} \end{aligned} \tag{5.30}$$

och

$$\frac{\partial L}{\partial x} = -mgr\sin\alpha \tag{5.31}$$

Rörelseekvationen blir då

$$\left(mr + \frac{I}{r}\right)\ddot{x} = -mgr\sin\alpha \tag{5.32}$$

eller med $\ddot{x}$ ensamt på en sida

$$\ddot{x} = -\frac{mgr\sin\alpha}{\left(mr + \frac{I}{r}\right)} = -\frac{g\sin\alpha}{\left(1 + \frac{I}{mr^2}\right)} \tag{5.33}$$

Övning 8:
Om den potentiella energin inte beror på läget x (eller hastighet $\dot{x}$) kommer inte Lagrangefunktionen att bero på läget (eftersom rörelseenergin bara beror på hastigheten). Högerledet i Euler Lagranges ekvation för x kommer då att bli 0

$$\frac{\partial L}{\partial x} = 0 \tag{5.34}$$

vilket innebär

$$\frac{d}{dt}\left(\frac{\partial L}{\partial \dot{x}}\right) = 0 \tag{5.35}$$

Att tidsderivatan för uttrycket inom parentes är 0 är samma sak som att det är en bevarad storhet. Vilken är då denna bevarade storhet? Eftersom den potentiella energin inte beror på $\dot{x}$ behöver vi bara derivera uttrycket för rörelseenergin

$$\begin{aligned} \frac{\partial L}{\partial \dot{x}} = \frac{\partial}{\partial \dot{x}}(T - V) = \frac{\partial T}{\partial \dot{x}} = \\ = \frac{\partial}{\partial \dot{x}}\left(\frac{m\dot{x}^2}{2}\right) = m\dot{x} \end{aligned} \tag{5.36}$$

Den bevarade storheten visar sig alltså vara rörelsemängden.

Kapitel 6

Standardmodellens Lagrangedensitet

Övning 1:
Givet Lagrangedensiteten

$$\mathcal{L} = \frac{1}{2}\partial_\mu\psi\partial^\mu\psi - \frac{1}{2}m^2\psi^2 \tag{6.1}$$

blir[1]

$$\partial_\mu \frac{\partial L}{\partial(\partial_\mu\psi)} = \partial_\mu\partial^\mu \tag{6.2}$$

och

$$\frac{\partial L}{\partial\psi} = -m^2\psi \tag{6.3}$$

Euler-Lagranges ekvationer ger alltså Klein-Gordonekvationen

$$\partial_\mu\partial^\mu\psi = -m^2\psi \tag{6.4}$$

Övning 2:
Skriv om Klein-Gordonekvationen från fyrvektorform till en form med rums- och tidsderivator för sig

$$\frac{\partial^2}{\partial t^2}\psi - \nabla^2\psi = -m^2\psi \tag{6.5}$$

[1] Tänk på $\partial_\mu\psi\partial^\mu\psi$ som kvadraten på $\partial_\mu\psi$.

Ersätt nu differentialoperatorerna med de kvantmekaniska operatorerna enligt

$$\begin{aligned} E^2\psi &= i^2\frac{\partial^2}{\partial t^2}\psi = -\frac{\partial^2}{\partial t^2} \\ p^2\psi &= (-i)^2\nabla^2\psi = -\nabla^2\psi \end{aligned} \tag{6.6}$$

Klein-Gordonkevationen blir då

$$-E^2\psi + p^2\psi = -m^2\psi \tag{6.7}$$

eller

$$E^2\psi = (p^2 + m^2)\psi \tag{6.8}$$

Övning 3:
Eftersom

$$\psi^*\psi = \frac{1}{\sqrt{2}}(\psi_1 - i\psi_2)\frac{1}{\sqrt{2}}(\psi_1 + i\psi_2) = \frac{1}{2}(\psi_1^2 + \psi_2^2) \tag{6.9}$$

och

$$\begin{aligned} &(\partial_\mu\psi)^*(\partial^\mu\psi) = \frac{1}{\sqrt{2}}(\partial_\mu\psi_1 - i\partial_\mu\psi_2)\frac{1}{\sqrt{2}}(\partial^\mu\psi_1 + i\partial^\mu\psi_2) = \\ &= \frac{1}{2}(\partial_\mu\psi_1\partial^\mu\psi_1 + \partial_\mu\psi_2^2\partial^\mu\psi_2) \end{aligned} \tag{6.10}$$

blir

$$
\begin{aligned}
\mathcal{L} &= (\partial_\mu \psi)^*(\partial^\mu \psi) - m^2\psi^*\psi = \\
&= \frac{1}{2}\partial_\mu\psi_1\partial^\mu\psi_1 + \frac{1}{2}\partial_\mu\psi_2\partial^\mu\psi_2 - \frac{1}{2}m^2\psi_1^2 - \frac{1}{2}m^2\psi_2^2
\end{aligned}
\tag{6.11}
$$

Övning 4:
Låt oss dra oss till minnes γ-matriserna

$$
\begin{aligned}
\gamma^0 &= \begin{bmatrix} I & 0 \\ 0 & -I \end{bmatrix} = \begin{bmatrix} 1 & 0 & 0 & 0 \\ 0 & 1 & 0 & 0 \\ 0 & 0 & -1 & 0 \\ 0 & 0 & 0 & -1 \end{bmatrix} \\
\gamma^1 &= \begin{bmatrix} 0 & \sigma_x \\ -\sigma_x & 0 \end{bmatrix} = \begin{bmatrix} 0 & 0 & 0 & 1 \\ 0 & 0 & 1 & 0 \\ 0 & -1 & 0 & 0 \\ -1 & 0 & 0 & 0 \end{bmatrix} \\
\gamma^2 &= \begin{bmatrix} 0 & \sigma_y \\ -\sigma_y & 0 \end{bmatrix} = \begin{bmatrix} 0 & 0 & 0 & -i \\ 0 & 0 & i & 0 \\ 0 & i & 0 & 0 \\ -i & 0 & 0 & 0 \end{bmatrix} \\
\gamma^3 &= \begin{bmatrix} 0 & \sigma_z \\ -\sigma_z & 0 \end{bmatrix} = \begin{bmatrix} 0 & 0 & 1 & 0 \\ 0 & 0 & 0 & -1 \\ -1 & 0 & 0 & 0 \\ 0 & 1 & 0 & 0 \end{bmatrix}
\end{aligned}
\tag{6.12}
$$

Eftersom γ^0 är både reell och diagonal gäller är den uppenbarligen hermitsk, d.v.s. $\gamma^0 = \gamma^{0\dagger}$. För $\mu = 0$ ger då uttrycket vi ska visa

$$\gamma^0 = \gamma^0\gamma^0\gamma^0 \tag{6.13}$$

vilket uppenbarligen är sant, eftersom $\gamma^0\gamma^0 = 1$. Hur är det då för $\mu = 1, 2, 3$?

För alla dessa γ-matriser gäller att $\gamma^{\mu\dagger} = -\gamma^\mu$; γ^1 och γ^3 är reella så komplexkonjugatet gör ingenting med dem, men de ät antisymmetriska kring diagonalen så transponatet kommer byta tecken för dem, γ^2 å andra sidan är symmetrisk kring diagonalen så transponatet gör ingenting med den, men den är också helt imaginär vilket gör att komplexkonjugatet kommer ändra tecken på den. Stämmer detta för uttrycket $\gamma^0\gamma^\mu\gamma^0$, så att det också blir $-\gamma^\mu$? Ja, här kan vi använda γ-matrisernas antikommuteringsrelationer $\{\gamma^\mu, \gamma^0\} = 0$, eller skrivet på annat sätt $\gamma^\mu\gamma^0 = -\gamma^0\gamma^\mu$. Då får vi

$$\gamma^0\gamma^\mu\gamma^0 = -\gamma^0\gamma^0\gamma^\mu = -\gamma^\mu \tag{6.14}$$

Uttrycket stämmer alltså för alla γ-matriserna.

Övning 5:

Den här är enkel! Multiplicera bara ekvation 6.8 med γ^0 från höger

$$-i\partial_\mu\psi^\dagger\gamma^0\gamma^\mu\gamma^0\gamma^0 - m\psi^\dagger\gamma^0 = 0 \tag{6.15}$$

eftersom $\gamma^0\gamma^0 = 1$ blir denna ekvation

$$-i\partial_\mu\psi^\dagger\gamma^0\gamma^\mu - m\psi^\dagger\gamma^0 = 0 \tag{6.16}$$

Övning 6:
Multiplikation av Diracekvationen med $\bar{\psi}$ från vänster ger

$$i\bar{\psi}\gamma^\mu\partial_\mu\psi - m\bar{\psi}\psi = 0 \tag{6.17}$$

Multiplikation av den hermitkonjugerade Diraekvationen med ψ från höger ger

$$-i\partial_\mu\bar{\psi}\gamma^\mu\psi - m\bar{\psi}\psi = 0 \tag{6.18}$$

Om den andra ekvation dras ifrån den första får vi

$$i\bar{\psi}\gamma^\mu\partial_\mu\psi + i\partial_\mu\bar{\psi}\gamma^\mu\psi = 0 \tag{6.19}$$

Vänsterledet här känner vi igen som derivatan av en produkt

$$i\partial_\mu\bar{\psi}\gamma^\mu\psi = 0 \tag{6.20}$$

Division med i ger sedan

$$\partial_\mu\bar{\psi}\gamma^\mu\psi = 0 \tag{6.21}$$

Övning 7:
För första komponenten ger ekvationen

$$\partial_t \bar{\psi} \gamma^0 \psi = 0 \tag{6.22}$$

Vänsterledet kan skrivas om

$$\partial_t \bar{\psi} \gamma^0 \psi = \partial_t \psi^\dagger \gamma^0 \gamma^0 \psi = \partial_t \psi^\dagger \psi \tag{6.23}$$

där $\gamma^0 \gamma^0 = 1$ använts. Ekvationen blir

$$\partial_t \psi^\dagger \psi \tag{6.24}$$

där vi sedan tidigare vet att sannolikhetsdensiteten ges av $\psi^\dagger \psi$.

Övning 8:
Vi utgår från

$$\mathcal{L} = i\bar{\psi}\gamma^\mu \partial_\mu \psi - m\bar{\psi}\psi \tag{6.25}$$

och använder Euler-Lagranges ekvationer

$$\partial_\mu \frac{\partial L}{\partial(\partial_\mu \psi)} = \frac{\partial L}{\partial \psi} \tag{6.26}$$

Vänsterledet blir

$$\partial_\mu \frac{\partial L}{\partial(\partial_\mu \psi)} = i\partial_\mu \bar{\psi}\gamma^\mu \tag{6.27}$$

och högerledet

$$\frac{\partial L}{\partial \psi} = -m\bar{\psi} \tag{6.28}$$

vilket ger

$$i\partial_\mu \bar{\psi}\gamma^\mu = -m\bar{\psi} \tag{6.29}$$

eller

$$-i\partial_\mu \bar{\psi}\gamma^\mu - m\bar{\psi} = 0 \tag{6.30}$$

vilket är den hermitkonjugerade Diracekvationen.

Övning 9:
Vi ställer upp Euler-Lagranges ekvationer för komponenterna av A indicerade med ν

$$\partial_\mu \frac{\partial \mathcal{L}}{\partial(\partial_\mu A_\nu)} = \frac{\partial \mathcal{L}}{\partial A_\nu} \tag{6.31}$$

Den Lagrangedensitet vi ska använda är

$$\mathcal{L} = -\frac{1}{4} F_{\mu\nu} F^{\mu\nu} + A_\mu J^\mu \tag{6.32}$$

Om vi börjar med högerledet får vi

$$\frac{\partial \mathcal{L}}{\partial A_\nu} = \frac{\partial}{\partial A_\nu}(A_\mu J^\mu) \tag{6.33}$$

Vad blir denna derivata? När de två indexen är lika får vi komponenten av J, annars 0. Det kan vi uttrycka med δ-funktionen

$$\frac{\partial \mathcal{L}}{\partial A_\nu} = \delta^\nu_\mu J^\mu = J^\nu \tag{6.34}$$

Vänsterledet är krångligare. Uttrycket i Lagrangedensiteten som innhåller derivator av A_ν är $F_{\mu\nu}F^{\mu\nu}$. Vi vill dock skriva detta uttryck med andra index, α och β, för att kunna utvärdera derivatan. Vi vill också ha alla index nere eftersom vi har det i uttrycket vi deriverar med avseende på. Det går att fixa med Minkowskimetrikens tensor

$$F_{\alpha\beta}F^{\alpha\beta} = \eta^{\alpha\gamma}\eta^{\beta\epsilon}F_{\alpha\beta}F_{\gamma\epsilon} \tag{6.35}$$

Nu kan vi använda produktregeln

$$\begin{aligned} \frac{\partial F_{\alpha\beta}F^{\alpha\beta}}{\partial(\partial_\mu A_\nu)} &= \eta^{\alpha\gamma}\eta^{\beta\epsilon}\frac{\partial}{\partial(\partial_\mu A_\nu)}(F_{\alpha\beta}F_{\gamma\epsilon}) = \\ &= \eta^{\alpha\gamma}\eta^{\beta\epsilon}\left[\frac{\partial F_{\alpha\beta}}{\partial(\partial_\mu A_\nu)}F_{\gamma\epsilon} + F_{\alpha\beta}\frac{\partial F_{\gamma\epsilon}}{\partial(\partial_\mu A_\nu)}\right] \end{aligned} \tag{6.36}$$

Från definitionen $F_{\alpha\beta} = \partial_\alpha A_\beta - \partial_\beta A_\alpha$ inser vi att

$$\frac{\partial F_{\alpha\beta}}{\partial(\partial_\mu A_\nu)} = \delta^\mu_\alpha \delta^\nu_\beta - \delta^\mu_\beta \delta^\nu_\alpha \tag{6.37}$$

vilket ger

$$\begin{aligned}
\frac{\partial F_{\alpha\beta}F^{\alpha\beta}}{\partial(\partial_\mu A_\nu)} &= \eta^{\alpha\gamma}\eta^{\beta\epsilon}\left[(\delta^\mu_\alpha\delta^\nu_\beta - \delta^\mu_\beta\delta^\nu_\alpha)F_{\gamma\epsilon} + (\delta^\mu_\gamma\delta^\nu_\epsilon - \delta^\mu_\epsilon\delta^\nu_\gamma)F_{\alpha\beta}\right] = \\
&= (\eta^{\mu\gamma}\eta^{\nu\epsilon} - \eta^{\nu\gamma}\eta^{\mu\epsilon})F_{\gamma\epsilon} + (\eta^{\alpha\mu}\eta^{\beta\nu} - \eta^{\alpha\nu}\eta^{\beta\mu})F_{\alpha\beta} = \\
&= F^{\mu\nu} - F^{\nu\mu} + F^{\mu\nu} - F^{\nu\mu}
\end{aligned} \tag{6.38}$$

Det inses lätt från definitionen av tensorn $F^{\mu\nu}$ att den är antisymmetrisk, d.v.s. $F^{\mu\nu} = -F^{\nu\mu}$. Det innebär att uttrycket ovan blir $-4F^{\nu\mu}$ och det vänstra ledet i Euler-Lagranges ekvationer

$$\partial_\mu \frac{\partial \mathcal{L}}{\partial(\partial_\mu A_\nu)} = \partial_\mu \frac{\partial}{\partial(\partial_\mu A_\nu)}\left(-\frac{1}{4}\frac{\partial F_{\alpha\beta}F^{\alpha\beta}}{\partial(\partial_\mu A_\nu)}\right) = \partial_\mu F^{\nu\mu} \tag{6.39}$$

Euler-Lagranges ekvationer ger alltså ett mycket kompakt uttryck

$$\partial_\mu F^{\nu\mu} = J^\nu \tag{6.40}$$

Men är detta Maxwells ekvationer? Låt oss se vad vi får om vi sätter $\nu = 0$

$$\partial_\mu F^{0\mu} = J^0 = \rho \tag{6.41}$$

I vänsterledet försvinner tidsderivatan eftersom $F^{00} = 0$ av uppenbart symmetriskäl. Vi inför därför i som index istället för μ för att visa att det nu bara är de tre rumsdimensionerna vi summerar över

$$-\partial_i F^{0i} = -\partial_i \left(\frac{\partial}{\partial t} A^i - \partial^i A^0 \right) \tag{6.42}$$

Med hjälp av ∇-operatorn kan detta skrivas som $\nabla \left(\nabla V - \frac{\partial \bar{A}}{\partial t} \right)$, men det är ju precis[2] $\nabla \bar{E}$. Vi har alltså hittat den första av Maxwells ekvationer

$$\nabla \cdot \bar{E} = \rho \tag{6.44}$$

Om vi nu istället sätter $\nu = j$, och därmed tittar på rumskoordinater, får vi

$$\partial_\mu F^{j\mu} = J^j \tag{6.45}$$

[2] I själva verket inses ganska lätt att

$$F^{\mu\nu} = \begin{bmatrix} 0 & -E_1 & -E_2 & -E_3 \\ E_1 & 0 & B_3 & -B_2 \\ E_2 & -B_3 & 0 & B_1 \\ E_3 & B_2 & -B_1 & 0 \end{bmatrix} \tag{6.43}$$

Tänk gärna igenom det.

I vänsterledet försvinner inte tidsderivatan denna gång

$$
\begin{aligned}
&\partial_\mu F^{j\mu} = \\
&= \frac{\partial}{\partial t}\left(\partial^i A^0 - \frac{\partial}{\partial t}A^i\right) - \partial_i(\partial^j A^i - \partial^i A^j)
\end{aligned}
\tag{6.46}
$$

Här känner vi igen första termen som $\frac{\partial}{\partial t}\bar{E}$ och andra som $-\nabla \times \bar{B}$. Här har vi alltså hittat en till av Maxwells ekvationer

$$
\nabla \times \bar{B} = \bar{J} + \frac{\partial}{\partial t}\bar{E} \tag{6.47}
$$

Hur är det med de andra två? De följer faktiskt direkt av våra definitioner av de elektriska och magnetisk fälten

$$
\begin{aligned}
&\nabla \cdot \bar{B} = \nabla \cdot (\nabla \times \bar{A}) = 0 \\
&\nabla \times \bar{E} = \nabla \times \nabla V - \nabla \times \frac{\partial \bar{A}}{\partial t} = -\frac{\partial}{\partial t}(\nabla \times \bar{A}) = -\frac{\partial \bar{B}}{\partial t}
\end{aligned}
\tag{6.48}
$$

Kapitel 7

Gaugesymmetri– symmetrin som bestämmer hur materien växelverkar

Övning 1:
Om

$$\begin{aligned} \bar{A} &\to \bar{A} + \nabla\epsilon \\ V &\to V + \frac{\partial\epsilon}{\partial t} \end{aligned} \tag{7.1}$$

får vi

$$\begin{aligned} \bar{E} &= \nabla V - \frac{\partial\bar{A}}{\partial t} \to \nabla V + \nabla\frac{\partial\epsilon}{\partial t} - \frac{\partial\bar{A}}{\partial t} - \frac{\partial\nabla\epsilon}{\partial t} = \\ &= \nabla V - \frac{\partial\bar{A}}{\partial t} = \bar{E} \\ \bar{B} &= \nabla\times\bar{A} \to \nabla\times\bar{A} + \nabla\times\nabla\epsilon = \nabla\times\bar{A} = \bar{B} \end{aligned} \tag{7.2}$$

där vi använt att rums- och tidsderivator kommuterar i första fallet och att $\nabla\times\nabla = 0$ i andra fallet[1]. De fysikaliska fälten förändras alltså inte av transformationen.

Övning 2:
Om ψ ersätts med $\psi e^{-i\alpha}$ ersätts $\psi^\dagger$ med $\psi^\dagger e^{i\alpha}$. Storheten $|\psi|^2 = \psi^\dagger\psi$ förändras dock inte eftersom

$$\psi^\dagger\psi e^{i\alpha}e^{-i\alpha} = \psi^\dagger\psi \tag{7.3}$$

[1] Detta följer av definitionen av vektorprodukt, samt att rumsderivator i olika riktningar kommuterar.

Övning 3:
Låt oss ta de fyra punkterna i tur och ordning:

- Om två rotationer beskrivs av $e^{-i\alpha_1}$ och $e^{-i\alpha_2}$ blir $e^{-i\alpha_1}e^{-i\alpha_2} = e^{-i(\alpha_1+\alpha_2)}$, vilket beskriver en rotation med vinkeln $\alpha_1 + \alpha_2$.

- Andra lagen följer av att additionen av vinklarna är associativ

$$\begin{aligned} \left(e^{-i\alpha_1}e^{-i\alpha_2}\right)e^{-i\alpha_3} &= e^{-i((\alpha_1+\alpha_2)+\alpha_3)} \\ e^{-i\alpha_1}\left(e^{-i\alpha_2}e^{-i\alpha_3}\right) &= e^{-i(\alpha_1+(\alpha_2+\alpha_3))} \end{aligned} \tag{7.4}$$

- En rotation med vinkeln 0 ger ingen förändring. Identitetselementet är alltså $e^0 = 1$.

- För varje rotation α kan vi rotera tillbaka med $-\alpha$, så att vi kommer tillbaka igen, $e^{-i\alpha}e^{i\alpha} = 1$. Varje rotation har alltså en invers rotation.

.

Övning 4:
Om α inte beror på rumtidskoordinaterna kan vi flytta $e^{-i\alpha}$ utanför derivatan, vilket innebär

$$\begin{aligned} \mathcal{L} &= i\bar{\psi}e^{i\alpha}\gamma^\mu\partial_\mu e^{-i\alpha}\psi - m\bar{\psi}e^{i\alpha}e^{-i\alpha}\psi = \\ &= i\bar{\psi}e^{i\alpha}e^{-i\alpha}\gamma^\mu\partial_\mu\psi - m\bar{\psi}e^{i\alpha}e^{-i\alpha}\psi = \\ &= i\bar{\psi}\gamma^\mu\partial_\mu\psi - m\bar{\psi}\psi \end{aligned} \tag{7.5}$$

Lagrangedensiteten förändras alltså inte av transformationen; den har en global U(1) symmetri.

Övning 5:
Om $\alpha(\bar{x}, t)$ beror på rumtidskoordinaterna får vi istället derivatan av en produkt. Eftersom

$$\partial_\mu e^{-i\alpha(\bar{x},t)} = e^{-i\alpha(\bar{x},t)} \partial_\mu \alpha(\bar{x}, t) \tag{7.6}$$

blir den nya Lagrangedensiteten

$$\begin{aligned}
\mathcal{L} &= i\bar{\psi} e^{i\alpha(\bar{x},t)} \gamma^\mu \partial_\mu e^{-i\alpha(\bar{x},t)} \psi - m\bar{\psi} e^{i\alpha(\bar{x},t)} e^{-i\alpha(\bar{x},t)} \psi = \\
&= i\bar{\psi} e^{i\alpha} e^{-i\alpha} \gamma^\mu \partial_\mu \psi + i\bar{\psi} e^{i\alpha} e^{-i\alpha} \gamma^\mu \psi \partial_\mu \alpha(\bar{x}, t) - m\bar{\psi} e^{i\alpha} e^{-i\alpha} \psi = \\
&= i\bar{\psi} \gamma^\mu \partial_\mu \psi + i\bar{\psi} \gamma^\mu \psi \partial_\mu \alpha(\bar{x}, t) - m\bar{\psi}\psi
\end{aligned} \tag{7.7}$$

Lagrangedensiteten är alltså inte oförändrad. Den har fått en ny term $i\bar{\psi}\gamma^\mu \psi \partial_\mu \alpha(\bar{x}, t)$. Ingen lokal U(1) symmetri.

Övning 6:
Det inses lätt att den extra termen i fältet tar ut den extra termen som uppstod från derivatan i förra uppgiften. Den nya Lagrangedensiteten blir

$$\mathcal{L} = i\bar{\psi}\gamma^\mu \left(\partial_\mu - ieB_\mu\right) \psi - m\bar{\psi}\psi \tag{7.8}$$

vilken efter transformationerna blir

$$\begin{aligned}
\mathcal{L} &= i\bar{\psi}e^{i\alpha(\bar{x},t)}\gamma^{\mu}\left(\partial_{\mu} - ie\left(B_{\mu} - \frac{1}{e}\partial_{\mu}\alpha(\bar{x},t)\right)\right)e^{-i\alpha(\bar{x},t)}\psi- \\
&- m\bar{\psi}e^{i\alpha(\bar{x},t)}e^{-i\alpha(\bar{x},t)}\psi = \\
&= i\bar{\psi}\gamma^{\mu}\partial_{\mu}\psi - ie\bar{\psi}\gamma^{\mu}B_{\mu}\psi + i\bar{\psi}\gamma^{\mu}\psi\partial_{\mu}\alpha(\bar{x},t)- \\
&- i\bar{\psi}\gamma^{\mu}\psi\partial_{\mu}\alpha(\bar{x},t) - m\bar{\psi}\psi = \\
&= i\bar{\psi}\gamma^{\mu}\left(\partial_{\mu} - ieB_{\mu}\right)\psi - m\bar{\psi}\psi
\end{aligned} \tag{7.9}$$

vilket är samma Lagrangedensitet som innan transformationerna. Vi har hittat en lokal U(1)-symmetri!

Övning 7:

Kom ihåg att hermitkonjugat innebär transponat och komplexkonjugat. En matris

$$M = \begin{bmatrix} A & B \\ C & D \end{bmatrix} \tag{7.10}$$

har alltså hermitkonjogatet

$$M^{\dagger} = \begin{bmatrix} A^* & C^* \\ B^* & D^* \end{bmatrix} \tag{7.11}$$

För att matrisen ska vara hermitsk måste dessa vara samma. Vi ser att de diagonala elementen inte ändras av komplexkonjugat, vilket innebär att de måste vara reella. De icke-diagonala elementen övergår i varandra vid komplexkonjugat, vilket innebär att de måste ha samma realdel och olika tecken men samma storlek på imaginärdelen. Alla hermitska matriser kan alltså skrivas på formen

$$\begin{bmatrix} a & c+di \\ c-di & b \end{bmatrix} \tag{7.12}$$

där a, b, c och d är reella tal.

Låt oss nu titta på identitetsmatrisen och Paulimatriserna

$$\begin{aligned} I &= \begin{bmatrix} 1 & 0 \\ 0 & 1 \end{bmatrix} \\ \sigma_x &= \begin{bmatrix} 0 & 1 \\ 1 & 0 \end{bmatrix} \\ \sigma_y &= \begin{bmatrix} 0 & -i \\ i & 0 \end{bmatrix} \\ \sigma_z &= \begin{bmatrix} 1 & 0 \\ 0 & -1 \end{bmatrix} \end{aligned} \tag{7.13}$$

Genom att lägga ihop multipler av den första och fjärde matrisen är det möjligt att få vilka reella tal som helst för de diagonala elementen. Multipler av den andra matrisen kommer ge samma realdel för de icke-diagonala elementen. Multipler av den tredje matrsien ger lika stor imaginärdel för de icke-diagonala elementen, men med motsatt tecken. En linjärkombination av de fyra matriserna kan alltså uttrycka vilken hermitsk matris som helst.

Övning 8:
Om ψ ersätts med $U\psi$, ersätts $\psi^\dagger$ med $\psi^\dagger U^\dagger$. Det innebär att

$$\psi^\dagger\psi \to \psi^\dagger U^\dagger U\psi = \psi^\dagger\psi \tag{7.14}$$

Övning 9:
För unitära matriser gäller $U^\dagger = U^{-1}$. För en matris

$$U = \begin{bmatrix} A & B \\ C & D \end{bmatrix} \tag{7.15}$$

blir hermitkonjugatet

$$U^\dagger = \begin{bmatrix} A^* & C^* \\ B^* & D^* \end{bmatrix} \tag{7.16}$$

och inversen

$$U^{-1} = \frac{1}{\det(U)} \begin{bmatrix} D & -B \\ -C & A \end{bmatrix} \tag{7.17}$$

För att dessa mariser ska vara samma, ser vi direkt att $\det(U)$ måste vara 1. Utöver det ser vi att de diagonella elementen övergår i varandra vid komplexkonjugat. Om det första diagonala elementet är a måste alltså det andra vara a^*. För de icke-diagonala har vi $C^* = -B$ och $B^* = -C$, vilket innebär att de har skilda tecken på realdelen och samma tecken på imaginärdelen. Detta innebär att om det ena elementet är b måste det andra vara $-b^*$. Alla hermitska matriser kan alltså skrivas på formen

$$\begin{bmatrix} a & b \\ -b^* & a^* \end{bmatrix} \tag{7.18}$$

där a och b är komplexa tal. Kravet att determinanten måste vara 1 innebär

$$1 = aa^* - b(-b^*) = aa^* + bb^* = |a|^2 + |b|^2 \tag{7.19}$$

Låt oss nu titta på uppsättnigen av matriser vi får från identitetsmatrisen och $i\bar{\sigma}$

$$\begin{aligned} I &= \begin{bmatrix} 1 & 0 \\ 0 & 1 \end{bmatrix} \\ i\sigma_x &= \begin{bmatrix} 0 & i \\ i & 0 \end{bmatrix} \\ i\sigma_y &= \begin{bmatrix} 0 & 1 \\ -1 & 0 \end{bmatrix} \\ i\sigma_z &= \begin{bmatrix} i & 0 \\ 0 & -i \end{bmatrix} \end{aligned} \tag{7.20}$$

Den första och sista matrisen fixar att de diagonala elementen får samma realdel, men olika tecken på imaginärdelen. Den andra och tredje matrisen fixar att de ickediagonala elementen får samma imaginärdel, men olika tecken på realdelen.

Övning 10:
En nxn-matris har n^2 element. Dessa är komplexa vilket innebär att varje element beskrivs av två reella tal, alltså har vi från början $2n^2$ parametrar. Att matrisen är unitär introducerar en ekvation per element som parametrarna måste uppfylla, vilket gör att vi kan bestämma n^2 av dem. Att determinanten ska vara 1 introducerar sedan ytterligare enkavtion att uppfylla, så att vi kan bestämma en parameter till. Kvar har vi då $2n^2 - n^2 - 1 = n^2 - 1$ parametrar.

Övning 11:
En massterm för ett bosoniskt gaugefält ges av $\frac{1}{2}m^2 B^\mu B_\mu$. Vid gaugetransformationen

$$B_\mu \to B_\mu - \frac{1}{e}\partial_\mu \alpha(\bar{x}, t) \tag{7.21}$$

får denna massterm uppenbarligen extra termer och eftersom den inte innehåller något ψ kan dessa inte tas ut av den andra transformationen. Lagrangedensiteten är inte längre gaugesymmetrisk.

Kapitel 8

Den elektrosvaga kraften och paritetssymmetri – hade vi märkt någon skillnad om vi levt i en spegelvärld?

Övning 1:
Låt oss lägga in den vänsterhänta leptondubbletten i U(1)-termerna

$$
\begin{aligned}
&- \bar{L} i\gamma^{\mu}\left(ig_1\frac{Y_L}{2}B_{\mu}\right)L - \bar{e}_R i\gamma^{\mu}\left(ig_1\frac{Y_R}{2}B_{\mu}\right)e_R = \\
&= \frac{g_1}{2}(Y_L\bar{L}\gamma^{\mu}L + Y_R\bar{e}_R\gamma^{\mu}e_R)B_{\mu} = \\
&= \frac{g_1}{2}(Y_L\begin{bmatrix}\bar{\nu}_L & \bar{e}_L\end{bmatrix}\gamma^{\mu}\begin{bmatrix}\nu_L \\ e_L\end{bmatrix} + Y_R\bar{e}_R\gamma^{\mu}e_R)B_{\mu} = \\
&= \frac{g_1}{2}\left(Y_L\bar{\nu}_L\gamma^{\mu}\nu_L + Y_L\bar{e}_L\gamma^{\mu}e_L + Y_R\bar{e}_R\gamma^{\mu}e_R\right)B_{\mu}
\end{aligned}
\tag{8.1}
$$

Övning 2:
Låt oss indicera[1] fälten i W-vektorn enligt $\bar{W}_{\mu} = (W_{\mu}^1, W_{\mu}^2, W_{\mu}^0)$. Då blir skalärprodukten mellan Paulimatriserna och W-vektorn

$$
\begin{aligned}
&\bar{\sigma}\bar{W}_{\mu} = \begin{bmatrix}0 & 1 \\ 1 & 0\end{bmatrix}W_{\mu}^1 + \begin{bmatrix}0 & -i \\ i & 0\end{bmatrix}W_{\mu}^2 + \begin{bmatrix}1 & 0 \\ 0 & -1\end{bmatrix}W_{\mu}^0 = \\
&= \begin{bmatrix}W_{\mu}^0 & W_{\mu}^1 - iW_{\mu}^2 \\ W_{\mu}^1 + iW_{\mu}^2 & -W_{\mu}^0\end{bmatrix}
\end{aligned}
\tag{8.2}
$$

[1] Det tredje fältet kommer visa sig bidra till de neutrala gaugefälten, så låt oss redan nu kalla det för W^0.

Nu kan vi sätta in denna matris och leptondubbletten i SU(2)-termen

$$
\begin{aligned}
&- \bar{L} i\gamma^{\mu} \left(i g_2 \frac{\bar{\sigma}}{2} \bar{W}_{\mu} \right) L = \\
&= \frac{g_1}{2} \begin{bmatrix} \bar{\nu}_L & \bar{e}_L \end{bmatrix} \gamma^{\mu} \begin{bmatrix} W_{\mu}^{0} & W_{\mu}^{1} - iW_{\mu}^{2} \\ W_{\mu}^{1} + iW_{\mu}^{2} & -W_{\mu}^{0} \end{bmatrix} \begin{bmatrix} \nu_L \\ e_L \end{bmatrix} = \\
&= \frac{g_1}{2} \begin{bmatrix} \bar{\nu}_L & \bar{e}_L \end{bmatrix} \gamma^{\mu} \begin{bmatrix} W_{\mu}^{0} \nu_L + W_{\mu}^{1} e_L - iW_{\mu}^{2} e_L \\ W_{\mu}^{1} \nu_L + iW_{\mu}^{2} \nu_L - W_{\mu}^{0} e_L \end{bmatrix} = \\
&\frac{g_2}{2} (\bar{\nu}_L \gamma^{\mu} \nu_L W_{\mu}^{0} + \bar{\nu}_L \gamma^{\mu} e_L W_{\mu}^{1} - i\bar{\nu}_L \gamma^{\mu} e_L W_{\mu}^{2} + \bar{e}_L \gamma^{\mu} \nu_L W_{\mu}^{1} \\
&+ i\bar{e}_L \gamma^{\mu} \nu_L W_{\mu}^{2} - \bar{e}_L \gamma^{\mu} e_L W_{\mu}^{0})
\end{aligned}
\tag{8.3}
$$

Övning 3:
Här är det bara att multiplicera ihop uttrycken och använda att fälten är ortogonala och normerade, d.v.s. att $B^{\mu} W_{\mu}^{0} = 0$, $B^{\mu} B_{\mu} = 1$ och $W^{0\mu} W_{\mu}^{0} = 1$. Vi får då

$$
\begin{aligned}
&\left(\frac{g_2}{2} B^{\mu} - \frac{g_1}{2} Y_L W^{0\mu} \right) \left(\frac{g_1}{2} Y_L B_{\mu} + \frac{g_2}{2} W_{\mu}^{0} \right) = \\
&= \frac{g_1 g_2}{4} Y_L B^{\mu} B_{\mu} - \frac{g_1 g_2}{4} Y_L W^{0\mu} W_{\mu}^{0} = \frac{g_1 g_2}{4} Y_L - \frac{g_1 g_2}{4} Y_L = 0
\end{aligned}
\tag{8.4}
$$

Övning 4:
Låt oss sätta in uttrycken för A_μ och Z_μ i högerleden. Det ger

$$\frac{-g_1 Y_L A_\mu + g_2 Z_\mu}{\sqrt{g_2^2 + g_1^2 Y_L^2}} = \frac{-g_1 g_2 Y_L B_\mu + g_1^2 Y_L^2 W_\mu^0 + g_1 g_2 Y_L B_\mu + g_2^2 W_\mu^0}{g_2^2 + g_1^2 Y_L^2} =$$
$$= \frac{(g_2^2 + g_1^2 Y_L^2) W_\mu^0}{g_2^2 + g_1^2 Y_L^2} = W_\mu^0 \tag{8.5}$$

samt

$$\frac{g_2 A_\mu + g_1 Y_L Z_\mu}{\sqrt{g_2^2 + g_1^2 Y_L^2}} = \frac{g_2^2 B_\mu - g_1 g_2 Y_L W_\mu^0 + g_1^2 Y_L^2 B_\mu + g_1 g_2 Y_L W_\mu^0}{g_2^2 + g_1^2 Y_L^2} =$$
$$= \frac{(g_2^2 + g_1^2 Y_L^2) B_\mu}{g_2^2 + g_1^2 Y_L^2} = B_\mu \tag{8.6}$$

Övning 5:
Först byter vi ut B_μ och W^0_μ mot A_μ och Z_μ i termerna från ekvation 8.4 och 8.5.

$$\begin{aligned}
&\frac{g_1}{2}\left(Y_L\bar{\nu}_L\gamma^\mu\nu_L + Y_L\bar{e}_L\gamma^\mu e_L + Y_R\bar{e}_R\gamma^\mu e_R\right)B_\mu +\\
&+\frac{g_2}{2}(\bar{\nu}_L\gamma^\mu\nu_L - \bar{e}_L\gamma^\mu e_L)W^0_\mu =\\
&\frac{g_1}{2}\left(Y_L\bar{\nu}_L\gamma^\mu\nu_L + Y_L\bar{e}_L\gamma^\mu e_L + Y_R\bar{e}_R\gamma^\mu e_R\right)\frac{g_2A_\mu + g_1Y_LZ_\mu}{\sqrt{g_2^2+g_1^2Y_L^2}} +\\
&+\frac{g_2}{2}(\bar{\nu}_L\gamma^\mu\nu_L - \bar{e}_L\gamma^\mu e_L)\frac{-g_1Y_LA_\mu + g_2Z_\mu}{\sqrt{g_2^2+g_1^2Y_L^2}}
\end{aligned} \tag{8.7}$$

Sedan tittar vi bara på de termer som innehåller A_μ

$$\begin{aligned}
&\frac{g_1}{2}\left(Y_L\bar{\nu}_L\gamma^\mu\nu_L + Y_L\bar{e}_L\gamma^\mu e_L + Y_R\bar{e}_R\gamma^\mu e_R\right)\frac{g_2A_\mu}{\sqrt{g_2^2+g_1^2Y_L^2}} +\\
&+\frac{g_2}{2}(\bar{\nu}_L\gamma^\mu\nu_L - \bar{e}_L\gamma^\mu e_L)\frac{-g_1Y_LA_\mu}{\sqrt{g_2^2+g_1^2Y_L^2}} =\\
&=\frac{g_1g_2}{2\sqrt{g_2^2+g_1^2Y_L^2}}\left(Y_L\bar{\nu}_L\gamma^\mu\nu_L + Y_L\bar{e}_L\gamma^\mu e_L + Y_R\bar{e}_R\gamma^\mu e_R\right)A_\mu\\
&-\frac{g_1g_2Y_L}{2\sqrt{g_2^2+g_1^2Y_L^2}}(\bar{\nu}_L\gamma^\mu\nu_L - \bar{e}_L\gamma^\mu e_L)A_\mu =\\
&=\frac{g_1g_2Y_L}{\sqrt{g_2^2+g_1^2Y_L^2}}\bar{e}_L\gamma^\mu e_LA_\mu + \frac{g_1g_2Y_R}{2\sqrt{g_2^2+g_1^2Y_L^2}}\bar{e}_R\gamma^\mu e_RA_\mu
\end{aligned} \tag{8.8}$$

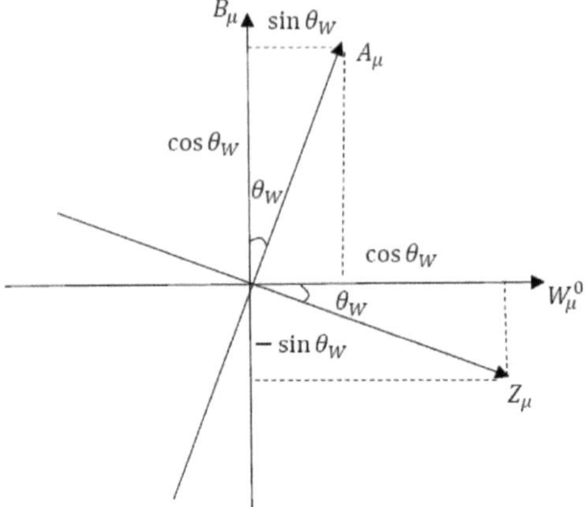

Figur 8.1: AZ-planet roterat med vinkeln θ_W jämfört med BW_0-planet.

Övning 6:

I figur 8.1 visas ett AZ-plan roterat med vinkeln θ_W jämfört med BW_0-planet. Om alla vektorer är normerade så att de har längden 1 är det uppenbart att A_μ och Z_μ kan skrivas som vektorsummor av B_μ och W_μ^0 enligt

$$\begin{aligned} A_\mu &= \cos\theta_W B_\mu + \sin\theta_W W_\mu^0 \\ Z_\mu &= -\sin\theta_W B_\mu + \cos\theta_W W_\mu^0 \end{aligned} \tag{8.9}$$

vilket är precis vad matrismultiplikationen ger.

Övning 7:
Termerna, när vi satt $Y_L = -1$, som bara innehåller neutrinofälten är

$$-\frac{g_1}{2}\bar{\nu}_L\gamma^\mu\nu_L B_\mu + \frac{g_2}{2}\bar{\nu}_L\gamma^\mu\nu_L W^0_\mu = \\ \frac{1}{2}\left(-g_1 B_\mu + g_2 W^0_\mu\right)\bar{\nu}_L\gamma^\mu\nu_L \tag{8.10}$$

Med $Y_L = -1$ blir uttrycket för Z_μ-fältet

$$Z_\mu = \frac{-g_1 B_\mu + g_2 W^0_\mu}{\sqrt{g_2^2 + g_1^2}} \tag{8.11}$$

Detta är förutom nämnaren och en faktor 2 precis den kombination av fälten som kopplar till neutrinofälten ovan. Vi kan alltså skriva termerna från ekvation 8.4 och 8.5 som

$$\frac{\sqrt{g_2^2 + g_1^2}}{2} Z_\mu \bar{\nu}_L\gamma^\mu\nu_L \tag{8.12}$$

Övning 8:
Här är det bara att använda uttrycken för g_1 och g_2, göra liknämnigt och använda trigonometriska ettan

$$
\begin{aligned}
\sqrt{g_1^2+g_2^2} &= \sqrt{\frac{e^2}{\sin^2\theta_W}+\frac{e^2}{\cos^2\theta_W}} = \\
&= \sqrt{\frac{e^2\cos^2\theta_W+e^2\sin^2\theta_W}{\sin^2\theta_W\cos^2\theta_W}} = \sqrt{\frac{e^2}{\sin^2\theta_W\cos^2\theta_W}} = \\
&= \frac{e}{\sin\theta_W\cos\theta_W}
\end{aligned}
\tag{8.13}
$$

Övning 9:
Termerna som bara innehåller elektronfält är

$$
\begin{aligned}
&\frac{g_1}{2}\left(-\bar{e}_L\gamma^\mu e_L - 2\bar{e}_R\gamma^\mu e_R\right)\frac{g_2A_\mu - g_1Z_\mu}{\sqrt{g_2^2+g_1^2}} + \\
&+\frac{g_2}{2}(-\bar{e}_L\gamma^\mu e_L)\frac{g_1A_\mu + g_2Z_\mu}{\sqrt{g_2^2+g_1^2}}
\end{aligned}
\tag{8.14}
$$

där vi använt $Y_L = -1$ och $Y_2 = -2$. Termerna som innehåller fältet Z_μ blir alltså

$$
\frac{g_1^2-g_2^2}{2\sqrt{g_2^2+g_1^2}}Z_\mu\bar{e}_L\gamma^\mu e_L + \frac{g_1^2}{\sqrt{g_2^2+g_1^2}}Z_\mu\bar{e}_R\gamma^\mu e_R \tag{8.15}
$$

Övning 10:
Här använder vi de tidigare givna uttrycken för g_1, g_2 samt $\sqrt{g_2^2+g_1^2}$ och räknar sedan bara på

$$
\begin{aligned}
&\frac{g_1^2-g_2^2}{2\sqrt{g_2^2+g_1^2}} = \frac{\cos\theta_W \sin\theta_W}{2e}\left(\frac{e^2}{\cos^2\theta_W}-\frac{e^2}{\sin^2\theta_W}\right) = \\
&= \frac{e}{2\cos\theta_W\sin\theta_W}\left(\frac{\cos^2\theta_W\sin^2\theta_W}{\cos^2\theta_W}-\frac{\cos^2\theta_W\sin^2\theta_W}{\sin^2\theta_W}\right) = \\
&= \frac{e}{2\cos\theta_W\sin\theta_W}\left(\sin^2\theta_W-\cos^2\theta_W\right) = \\
&= \frac{e}{2\cos\theta_W\sin\theta_W}\left(\sin^2\theta_W-(1-\sin^2\theta_W)\right) = \\
&= \frac{e}{2\cos\theta_W\sin\theta_W}\left(-1+2\sin^2\theta_W\right) = \\
&= \frac{e}{\cos\theta_W\sin\theta_W}\left(-\frac{1}{2}+\sin^2\theta_W\right)
\end{aligned}
\tag{8.16}
$$

På samma sätt

$$
\begin{aligned}
&\frac{g_1^2}{\sqrt{g_2^2+g_1^2}} = \frac{\cos\theta_W\sin\theta_W}{e}\frac{e^2}{\cos^2\theta_W} = \\
&\frac{e}{\cos\theta_W\sin\theta_W}\frac{\cos^2\theta_W\sin^2\theta_W}{\cos^2\theta_W} = \\
&= \frac{e}{\cos\theta_W\sin\theta_W}\sin^2\theta_W
\end{aligned}
\tag{8.17}
$$

Övning 11:
Vänsterhänta neutriner har $T_3 = \frac{1}{2}$ och $Q = 0$. Uttrycket ger då

$$\frac{e}{2\cos\theta_W \sin\theta_W} \tag{8.18}$$

vilket stämmer med vad vi kom fram till tidigare. Högerhänta neutriner har varken svagt isospinn eller elektrisk laddning, så uttrycket ger ingen koppling till Z-bosonen för dem, vilket också stämmer. Vänsterhänta elektroner har $T_3 = -\frac{1}{2}$ och $Q = -1$. Uttrycket ger då

$$\frac{e}{\cos\theta_W \sin\theta_W}\left(-\frac{1}{2} + \sin^2\theta_W\right) \tag{8.19}$$

vilket också är korrekt. Slutligen har högerhänta elektroner $T_3 = 0$ och $Q = -1$. Uttrycket ger då

$$\frac{e}{\cos\theta_W \sin\theta_W}\sin^2\theta_W \tag{8.20}$$

precis som det ska.

Övning 12:
Om Z-bosonen har en stor massa, vilket betyder att vi behöver stor osäkerhet i energi ΔE för att skapa den. Det innebär enligt Heisenbergs osäkerhetsrelation att den bara kan existera kort tid Δt, eftersom

$$\Delta t = \frac{1}{\Delta E} \tag{8.21}$$

Om den bara existerar en väldigt kort tid hinner den inte färdas så långt och kraften får kort räckvidd.

Övning 13:
Låt oss först kontrollera att de två fälten är normerade om W_μ^1 och W_μ^2 är det

$$\begin{aligned}
W_\mu^+ W^{+\mu} &= \frac{1}{\sqrt{2}}(-W_\mu^1 + iW_\mu^2)\frac{1}{\sqrt{2}}(-W^{\mu 1} + iW^{\mu 2}) = \\
&= \frac{1}{2}(W_\mu^1 W^{\mu 1} + W_\mu^2 W^{\mu 2}) = \frac{1}{2}(1+1) = 1 \\
W_\mu^- W^{-\mu} &= \frac{1}{\sqrt{2}}(-W_\mu^1 - iW_\mu^2)\frac{1}{\sqrt{2}}(-W^{\mu 1} - iW^{\mu 2}) = \\
&= \frac{1}{2}(W_\mu^1 W^{\mu 1} + W_\mu^2 W^{\mu 2}) = \frac{1}{2}(1+1) = 1
\end{aligned} \tag{8.22}$$

Vi behöver också kontrollera att de två fälten är ortogonala

$$\begin{aligned}
W_\mu^+ W^{-\mu} &= \frac{1}{\sqrt{2}}(-W_\mu^1 + iW_\mu^2)\frac{1}{\sqrt{2}}(-W^{\mu 1} - iW^{\mu 2}) = \\
&= \frac{1}{2}(W_\mu^1 W^{\mu 1} - W_\mu^2 W^{\mu 2}) = \frac{1}{2}(1-1) = 0
\end{aligned} \tag{8.23}$$

Valet var alltså bra.

Övning 14:
Om vi skriver ut operatorerna i matrisform kan vi notera

$$
\begin{aligned}
P_L\gamma^0 &= \begin{bmatrix} 0 & 0 \\ 0 & 1 \end{bmatrix}\begin{bmatrix} 0 & 1 \\ 1 & 0 \end{bmatrix} = \begin{bmatrix} 0 & 0 \\ 1 & 0 \end{bmatrix} \\
\gamma^0 P_R &= \begin{bmatrix} 0 & 1 \\ 1 & 0 \end{bmatrix}\begin{bmatrix} 1 & 0 \\ 0 & 0 \end{bmatrix} = \begin{bmatrix} 0 & 0 \\ 1 & 0 \end{bmatrix}
\end{aligned} \tag{8.24}
$$

Alltså att $P_L\gamma^0 = \gamma^0 P_R$. Det ger

$$
\bar{\nu}_L = (P_L\nu)^\dagger\gamma^0 = \nu^\dagger P_L\gamma^0 = \nu^\dagger\gamma^0 P_R = \bar{\nu}P_R \tag{8.25}
$$

Övning 15:
Vi utgår från uttrycket $(1+\gamma^5)\gamma^\mu(1-\gamma^5)$ och vill flytta γ^μ längst till höger. Frågan är då hur γ^μ antikommuterar med γ^5. Om vi kommer ihåg att γ^5 är definierad som

$$
\gamma^5 = i\gamma^0\gamma^1\gamma^2\gamma^3 \tag{8.26}
$$

inser vi att vilket tal än indexet μ än antar behöver γ^μ flyttas över tre andra γ-matriser (och en gång över sig själv). För varje förflyttning får vi ett minustecken eftersom de olika γ-matriserna antikommuterar. Alltså totalt sett ett minustecken, så

$$
\begin{aligned}
&(1+\gamma^5)\gamma^\mu(1-\gamma^5) = (1+\gamma^5)(1+\gamma^5)\gamma^\mu = \\
&= (1+2\gamma^5+(\gamma^5)^2)\gamma^\mu = (1+2\gamma^5+1)\gamma^\mu = \\
&= 2(1+\gamma^5)\gamma^\mu
\end{aligned} \tag{8.27}
$$

Hela termen blir då

$$\frac{1}{4}\bar{\nu}(1+\gamma^5)\gamma^\mu(1-\gamma^5)eW_\mu^+ = \frac{2}{4}\bar{\nu}(1+\gamma^5)\gamma^\mu eW_\mu^+ = \\ = \frac{1}{2}\bar{\nu}(1+\gamma^5)\gamma^\mu eW_\mu^+ \tag{8.28}$$

Övning 16:
Eftersom sannolikheten ges av normen av sannolikhetsamplituden i kvadrat kommer den bli samma för de två sönderfallen

$$\begin{aligned} |A|^2 = AA^* = |A|e^{i\theta}e^{i\phi}|A|e^{-i\theta}e^{-i\phi} = |A|^2 \\ |\bar{A}| = \bar{A}\bar{A}^* = |A|e^{i\theta}e^{-i\phi}|A|e^{-i\theta}e^{i\phi} = |A|^2 \end{aligned} \tag{8.29}$$

Övning 17:
Sannolikheten för partikelns sönderfall blir

$$|A_1+A_2|^2 = (A_1+A_2)(A_1+A_2)^* = \\ = (|A_1|e^{i\theta_1}e^{i\phi_1} + |A_2|e^{i\theta_2}e^{i\phi_2})(|A_1|e^{-i\theta_1}e^{-i\phi_1} + |A_2|e^{-i\theta_2}e^{-i\phi_2}) = \\ = |A_1|^2 + |A_1||A_2|e^{i\theta_1}e^{i\phi_1}e^{-i\theta_2}e^{-i\phi_2} + |A_1||A_2|e^{i\theta_2}e^{i\phi_2}e^{-i\theta_1}e^{-i\phi_1} + |A \tag{8.30}$$

Sannolikheten för antipartikelns sönderfall blir

$$
\begin{aligned}
&|\bar{A}_1 + \bar{A}_2|^2 = (\bar{A}_1 + \bar{A}_2)(\bar{A}_1 + \bar{A}_2)^* = \\
&= (|A_1|e^{i\theta_1}e^{-i\phi_1} + |A_2|e^{i\theta_2}e^{-i\phi_2})(|A_1|e^{-i\theta_1}e^{i\phi_1} + |A_2|e^{-i\theta_2}e^{i\phi_2}) = \\
&= |A_1|^2 + |A_1||A_2|e^{i\theta_1}e^{-i\phi_1}e^{-i\theta_2}e^{i\phi_2} + |A_1||A_2|e^{i\theta_2}e^{-i\phi_2}e^{-i\theta_1}e^{i\phi_1} + |A_2|^2
\end{aligned}
\tag{8.31}
$$

Övning 18:
Om vi drar de två uttrycken från föregående övning ifrån varandra får vi

$$
\begin{aligned}
&|A_1||A_2|e^{i\theta_1}e^{i\phi_1}e^{-i\theta_2}e^{-i\phi_2} + |A_1||A_2|e^{i\theta_2}e^{i\phi_2}e^{-i\theta_1}e^{-i\phi_1} \\
&- |A_1||A_2|e^{i\theta_1}e^{-i\phi_1}e^{-i\theta_2}e^{i\phi_2} - |A_1||A_2|e^{i\theta_2}e^{-i\phi_2}e^{-i\theta_1}e^{i\phi_1} = \\
&= |A_1||A_2|(e^{i(\theta_1-\theta_2)}e^{i(\phi_1-\phi_2)} + e^{i(\theta_2-\theta_1)}e^{i(\phi_2-\phi_1)} \\
&- e^{i(\theta_1-\theta_2)}e^{i(\phi_2-\phi_1)} - e^{i(\theta_2-\theta_1)}e^{i(\phi_1-\phi_2)})
\end{aligned}
\tag{8.32}
$$

Är detta uttryck ekvivalent med det vi ska komma fram till i övningen? Det är nästan enklare att utgå från det uttrycket och använda Eulers formel

$$
\begin{aligned}
&-4|A_1||A_2|\sin(\theta_1-\theta_2)\sin(\phi_1-\phi_2) = \\
&-4|A_1||A_2|\frac{e^{i(\theta_1-\theta_2)} - e^{-i(\theta_1-\theta_2)}}{2i}\frac{e^{i(\phi_1-\phi_2)} - e^{-i(\phi_1-\phi_2)}}{2i} = \\
&= |A_1||A_2|(e^{i(\theta_1-\theta_2)}e^{i(\phi_1-\phi_2)} - e^{i(\theta_1-\theta_2)}e^{i(\phi_2-\phi_1)} \\
&- e^{i(\theta_2-\theta_1)}e^{i(\phi_1-\phi_2)} + e^{i(\theta_2-\theta_1)}e^{i(\phi_2-\phi_1)})
\end{aligned}
\tag{8.33}
$$

Uttrycken är alltså ekvivalenta.

Kapitel 9

Den starka kraften och kvarkarnas fångenskap

Övning 1:
Tillstånden $\mathrm{r\bar{r}}$, $\mathrm{g\bar{g}}$ och $\mathrm{b\bar{b}}$ är normerade och ortogonala mot varandra. Det innebär att

$$\begin{aligned}
&\frac{1}{\sqrt{2}}(\mathrm{r\bar{r}}-\mathrm{g\bar{g}})^{\dagger}\frac{1}{\sqrt{6}}\left(\mathrm{r\bar{r}}+\mathrm{g\bar{g}}-2\mathrm{b\bar{b}}\right)=\frac{1}{\sqrt{12}}(1-1)=0\\
&\frac{1}{\sqrt{2}}(\mathrm{r\bar{r}}-\mathrm{g\bar{g}})^{\dagger}\left(\mathrm{r\bar{r}}+\mathrm{g\bar{g}}+\mathrm{b\bar{b}}\right)=\frac{1}{\sqrt{2}}(1-1)=0\\
&\frac{1}{\sqrt{6}}\left(\mathrm{r\bar{r}}+\mathrm{g\bar{g}}-2\mathrm{b\bar{b}}\right)^{\dagger}\left(\mathrm{r\bar{r}}+\mathrm{g\bar{g}}+\mathrm{b\bar{b}}\right)=\frac{1}{\sqrt{6}}(1+1-2)=0
\end{aligned} \tag{9.1}$$

Övning 2:
Den potentiella energin ges av

$$E_P=\int F ds \tag{9.2}$$

Om kraften är konstant och inte beror på avståndet blir den potentiella energin alltså bara Fs, d.v.s. en linjär ökning med avståndet.

Övning 3:
En u-kvark har den elektriska laddningen $+\frac{2}{3}e$ och en d-kvark har den elektriska laddningen $-\frac{1}{3}e$. För protonen med kvarkinnehåll uud blir den elektriska laddningen

$$Q=\frac{2}{3}e+\frac{2}{3}e-\frac{1}{3}e=e \tag{9.3}$$

För neutronen blir den elektriska laddningen

$$Q = \frac{2}{3}e - \frac{1}{3}e - \frac{1}{3}e = 0 \tag{9.4}$$

Precis som det ska alltså.

Kapitel 10

Feynmandiagram och renormering

Övning 1:
Låt oss kalla elektronens fyrrörelsemängd för utsändningen för p_1, efter utsändningen för p_1' samt den utsända fotonens för p_γ. Bevarande av fyrrörelsemängd ger då

$$p_1 = p_1' + p_\gamma \tag{10.1}$$

Kvadrering av båda sidor ger

$$\begin{aligned} p_1^2 &= (p_1' + p_\gamma)^2 \\ m_e^2 &= m_e^2 + 2p_1'p_\gamma \\ 0 &= 2p_1'p_\gamma \end{aligned} \tag{10.2}$$

Frågan är nu om denna skalärprodukt av fyrrörelsemängder kan vara 0. Låt oss utvärdera den

$$\begin{aligned} p_1'p_\gamma &= E_1'E_\gamma - \bar{p}_1' \cdot \bar{p}_\gamma = \\ &= E_1'E_\gamma - |\bar{p}_1'|E_\gamma \cos\alpha \end{aligned} \tag{10.3}$$

där α är vinkeln mellan elektronen och fotonen. Att detta uttryck inte kan vara 0 inser vi eftersom $|\bar{p}_1'| < E_1'$ och $\cos\alpha \leq 1$. Det går alltså inte att bevara fyrrörelsemängden i processen.

Övning 2:
Energibevarande ger

$$\begin{aligned} &E_1 + E_2 = E_1' + E_2' \\ &\Rightarrow E_2' - E_2 = E_1 - E_1' \end{aligned} \tag{10.4}$$

Alltså gäller det sista steget i ekvation 10.3.

Övning 3:
När vi satt $c = 1$ ges fotonens rörelsemängd av

$$E_\gamma'^2 = \bar{p}_\gamma'^2 = (\bar{p}_1 - \bar{p}_1')^2 \tag{10.5}$$

där vi i sista ledet har använt att fotonen sänds ut av den första elektronen. Uttrycket kan alltså skrivas

$$E_\gamma^2 - (E_1 - E_1')^2 = (\bar{p}_1 - \bar{p}_1')^2 - (E_1 - E_1')^2 \tag{10.6}$$

men detta kan vi känna igen som en negativ masskvadrat, eftersom $E^2 - p^2 = m^2$, vilken uppenbarligen är oberoende av referenssystem, d.v.s relativistiskt invariant.

Övning 4:
I elektronernas tyngdpunktsystem blir $E_1 = E_1'$. Från föregående uppgift har vi $E_\gamma^2 = (\bar{p}_1 - \bar{p}_1')^2$, så

$$\frac{d\sigma}{d\Omega} \propto e^4 \left(\frac{1}{E_\gamma^2 - (E_1 - E_1')^2} \right)^2 = \frac{e^4}{(\bar{p}_1 - \bar{p}_1')^4} \tag{10.7}$$

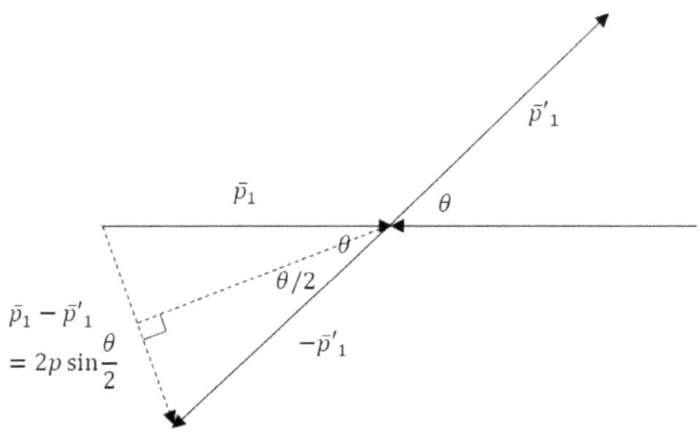

Figur 10.1: Elektronernas tyngdpunktssystem. I detta system är alla rörelsemängderna lika stora. Låt oss kalla denna storlek för p.

Övning 5:
I figur 10.1 visas elektronerna tyngdpunktssystem med vektorn $\bar{p}_1 - \bar{p}_1'$ utsatt. $\bar{p}_1$ och $-\bar{p}_1'$ bildar de lika benen i en likbent triangel. Denna triangel kan delas upp i två rätvinkliga trianglar. Med hjälp av trigonometri kan den motstående kateten beräknas och $\bar{p}_1 - \bar{p}_1'$ får en längd som ges av den dubbla längden av denna katet, så

$$(\bar{p}_1 - \bar{p}_1')^4 = 16p^4 \sin^4 \frac{\theta}{2} \tag{10.8}$$

och

$$\frac{d\sigma}{d\Omega} \propto \frac{e^4}{p^4 \sin^4 \frac{\theta}{2}} \tag{10.9}$$

Övning 6:
$\bar{e}$ beskriver en positron i begynnelsetillståndet eller en elektron i sluttillståndet. ν beskriver en neutrino i begynnelsetillståndet eller en antineutrino i sluttillståndet. De processer som en term innehållande W_μ^-, $\bar{e}$ och ν kan beskriva om både elektrisk laddning och leptontal ska bevaras blir då bara två. Det kan vara en W^--boson från början som övergår til en elektron och en antineutrino i sluttillståndet. Det kan också vara en positron från början som går till en W^--boson och en antineutrino.

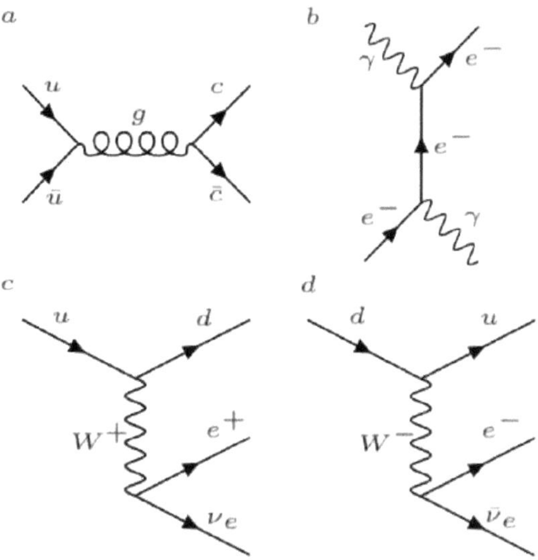

Figur 10.2: Feynmandigram för a) en u-kvark och en anti-u-kvark annihileras och bildar en c-kvark och en anti-c-kvark via stark växelverkan, b) Comptonspridning, c) β^+-söderfall och d) β^--söderfall.

Övning 7:
Feynmandiagrammen för processerna visas i figur 10.2.

Övning 8:
Låt oss räkna ut kopplingskonstanten för den nya energiskalan q^2 och använda tricket att införa en faktor $\frac{\mu^2}{\mu^2}$ i logaritmen

$$\begin{aligned} \alpha(q^2) &= \frac{\alpha_0}{1+\frac{\alpha_0}{3\pi}\ln\left(\frac{\Lambda^2}{q^2}\right)} = \frac{\alpha_0}{1+\frac{\alpha_0}{3\pi}\ln\left(\frac{\Lambda^2}{\mu^2}\frac{\mu^2}{q^2}\right)} = \\ &= \frac{\alpha_0}{1+\frac{\alpha_0}{3\pi}\ln\left(\frac{\Lambda^2}{\mu^2}\right)+\frac{\alpha_0}{3\pi}\ln\left(\frac{\mu^2}{q^2}\right)} \end{aligned} \tag{10.10}$$

De två första termerna i nämnaren kan vi skriva om med $\alpha(\mu^2)$ enligt

$$\begin{aligned} \alpha(\mu^2) &= \frac{\alpha_0}{1+\frac{\alpha_0}{3\pi}\ln\left(\frac{\Lambda^2}{\mu^2}\right)} \\ \Rightarrow 1+\frac{\alpha_0}{3\pi}\ln\left(\frac{\Lambda^2}{\mu^2}\right) &= \frac{\alpha_0}{\alpha(\mu^2)} \end{aligned} \tag{10.11}$$

och få

$$\alpha(q^2) = \frac{\alpha_0}{\frac{\alpha_0}{\alpha(\mu^2)}+\frac{\alpha_0}{3\pi}\ln\left(\frac{\mu^2}{q^2}\right)} \tag{10.12}$$

eller om vi förkortar bort α_0 och multiplicerar med $\alpha(\mu^2)$ i både täljaren och nämnaren

$$\alpha(q^2) = \frac{\alpha(\mu^2)}{1+\frac{\alpha(\mu^2)}{3\pi}\ln\left(\frac{\mu^2}{q^2}\right)} \tag{10.13}$$

Övning 9:
Avståndet mellan New York och Los Angeles är ca 4000 km. Ett hårstrås tjocklek är knappt 0.1 mm. Kvoten mellan dessa blir alltså ungefär $4 \cdot 10^{-10}$, så det är rätt storleksordning i alla fall.

Övning 10:
För att QCD inte skulle ha asymptotisk frihet hade den andra termen i nämnaren behövt vara positiv. Det blir den om $33 - 2n_f < 0$, vilket innebär att antalet kvarksorter måste vara 17 eller högre.

Kapitel 11

Higgsmekanismen

Övning 1:
Vi hittar extrempunkter genom att sätta derivatan lika med 0

$$\begin{aligned} 0 &= \frac{dV(\varphi)}{d\varphi} = \frac{d}{d\varphi}\left(\frac{1}{2}\mu^2\varphi^2 + \frac{1}{4}\lambda\varphi^4\right) = \\ &= \mu^2\varphi + \lambda\varphi^3 \end{aligned} \tag{11.1}$$

En lösning är $\varphi = 0$, vilket är det lokala maximumet. Lokala minimum får vi då

$$\begin{aligned} &\mu^2 + \lambda\varphi^2 = 0 \\ &\Rightarrow \varphi = \pm\sqrt{\frac{-\mu^2}{\lambda}} \end{aligned} \tag{11.2}$$

Övning 2:
Låt oss börja med derivatan. Eftersom v är en konstant blir

$$\partial_\mu\varphi = \partial_\mu(v + \eta) = \partial_\mu\eta \tag{11.3}$$

Sedan tar vi oss an termen med φ^2

$$\frac{1}{2}\mu^2\varphi^2 = \frac{1}{2}\mu^2(v + \eta)^2 = \frac{1}{2}\mu^2v^2 + \mu^2v\eta + \frac{1}{2}\mu^2\eta^2 \tag{11.4}$$

och till sist termen med φ^4

$$\begin{aligned}\frac{1}{4}\lambda\varphi^4 &= \frac{1}{4}\lambda(v+\eta)^4 = \\ &= \frac{1}{4}\lambda v^4 + \lambda v^3\eta + \frac{3}{2}\lambda v^2\eta^2 + \lambda v\eta^3 + \frac{1}{4}\lambda\eta^4\end{aligned} \tag{11.5}$$

De konstanta termerna utan φ kan vi bortse ifrån då vi alltid kan omdefiniera nollnivån hos potentialen. Med hjälp av $v = \sqrt{\frac{-\mu^2}{\lambda}}$ kan vi visa att de linjära termerna försvinner

$$\mu^2 v\eta + \lambda v^3\eta = \mu^2 v\eta - \lambda\frac{\mu^2}{\lambda}v\eta = \mu^2 v\eta - \mu^2 v\eta = 0 \tag{11.6}$$

De kvadratiska termerna kan vi slå ihop till en med hjälp av $\mu^2 = -\lambda v^2$

$$\frac{1}{2}\mu^2\eta^2 + \frac{3}{2}\lambda v^2\eta^2 = -\frac{1}{2}\lambda v^2\eta^2 + \frac{3}{2}\lambda v^2\eta^2 = \lambda v^2\eta^2 \tag{11.7}$$

Samlar vi allt får vi

$$\mathcal{L}_{\text{Higgs}} = \frac{1}{2}\partial_\mu\eta\partial^\mu\eta - \left(\lambda v^2\eta^2 + \lambda v\eta^3 + \frac{1}{4}\lambda\eta^4\right) \tag{11.8}$$

Övning 3:
Här är det bara att använda konjugatregeln

$$\begin{aligned}
\mathcal{L}_{\text{Higgs}} &= (\partial_\mu\varphi)^*(\partial^\mu\varphi) - \mu^2\varphi^*\varphi - \lambda(\varphi^*\varphi)^2 = \\
&= (\partial_\mu\varphi_1 - i\partial_\mu\varphi_2)(\partial^\mu\varphi_1 + i\partial^\mu\varphi_2) - \mu^2(\varphi_1 - i\varphi_2)(\varphi_1 + i\varphi_2) - \\
&- \lambda\left((\varphi_1 - i\varphi_2)(\varphi_1 + i\varphi_2)\right)^2 = \\
&= \frac{1}{2}\partial_\mu\varphi_1\partial^\mu\varphi_1 + \frac{1}{2}\partial_\mu\varphi_2\partial^\mu\varphi_2 - \frac{1}{2}\mu^2(\varphi_1^2 + \varphi_2^2) - \frac{1}{4}\lambda(\varphi_1^2 + \varphi_2^2)^2
\end{aligned} \tag{11.9}$$

Övning 4:
Låt oss göra ersättningen $\varphi = \frac{1}{\sqrt{2}}(v + \eta(x) + i\rho(x))$ för Higgspotentialen

$$\begin{aligned}
&(\partial_\mu\varphi)^*(\partial^\mu\varphi) - \mu^2\varphi^*\varphi - \lambda(\varphi^*\varphi)^2 = \\
&= \frac{1}{2}\partial_\mu\eta\partial^\mu\eta + \frac{1}{2}\partial_\mu\rho\partial^\mu\rho - \frac{1}{2}\mu^2\left((v+\eta)^2 + \rho^2\right) \\
&- \frac{1}{4}\lambda\left((v+\eta)^2 + \rho^2\right)^2
\end{aligned} \tag{11.10}$$

där återigen v har försvunnit i derivatorna eftersom det är en konstant. Vi kan titta på termerna var för sig

$$\begin{aligned}
&\frac{1}{2}\mu^2\left((v+\eta)^2 + \rho^2\right) = \\
&= \frac{1}{2}\mu^2v^2 + \mu^2v\eta + \frac{1}{2}\mu^2\eta^2 + \frac{1}{2}\mu^2\rho^2
\end{aligned} \tag{11.11}$$

och

$$\begin{aligned}
&\frac{1}{4}\lambda\left((v+\eta)^2+\rho^2\right)^2 = \\
&= \frac{1}{4}\lambda v^4 + \lambda v^3 + \frac{3}{2}\lambda v^2\eta^2 + \lambda v\eta^3 + \frac{1}{4}\lambda\eta^4 + \\
&+ \frac{1}{2}\lambda v^2\rho^2 + \lambda v\eta\rho^2 + \frac{1}{2}\lambda\rho^2\eta^2 + \frac{1}{4}\lambda\rho^4
\end{aligned} \tag{11.12}$$

Den första termen i båda uttrycken är konstant och kan därför bortses ifrån. Som innan försvinner de linjära termerna för η

$$\mu^2 v\eta + \lambda v^3\eta = \mu^2 v\eta - \lambda\frac{\mu^2}{\lambda}v\eta = \mu^2 v\eta - \mu^2 v\eta = 0 \tag{11.13}$$

Det finns inga linjära termer för ρ. De kvadratiska termerna för η kan slås ihop med hjälp av $\lambda v^2 = -\mu^2$

$$\frac{1}{2}\mu^2\eta^2 + \frac{3}{2}\lambda v^2\eta^2 = \frac{1}{2}\mu^2\eta^2 - \frac{3}{2}\mu^2\eta^2 = -\mu^2\eta^2 \tag{11.14}$$

De kvadratiska termerna för ρ visar sig ta ut varandra

$$\frac{1}{2}\mu^2\rho^2 + \frac{1}{2}\lambda v^2\rho^2 = \frac{1}{2}\mu^2\rho^2 - \frac{1}{2}\mu^2\rho^2 = 0 \tag{11.15}$$

Samlar vi allt får vi

$$\begin{aligned}\mathcal{L}_{\text{Higgs}} =& \frac{1}{2}(\partial_\mu \eta)^2 + \frac{1}{2}(\partial_\mu \rho)^2 + \mu^2\eta^2 - \lambda v(\eta\rho^2 + \eta^3) \\ & - \frac{\lambda}{2}\eta^2\rho^2 - \frac{\lambda}{4}\eta^4 - \frac{\lambda}{4}\rho^4\end{aligned} \tag{11.16}$$

Övning 5:
Här gör vi ersättningen $\varphi = \frac{1}{\sqrt{2}}(v + h(x))$ för Higgspotentialen

$$\mathcal{L}_{\text{Higgs}} = (\partial_\mu + igA_\mu)\varphi^*(\partial_\mu - igA_\mu)\varphi - \mu^2\varphi^*\varphi - \lambda(\varphi^*\varphi)^2 \tag{11.17}$$

I övning 2 har vi sett att de två sista termerna blir

$$-\lambda v^2\eta^2 - \lambda v\eta^3 - \frac{1}{4}\lambda\eta^4 \tag{11.18}$$

Från de kovarianta derivatorna får vi de extra termerna

$$\begin{aligned}& g^2 A_\mu A^\mu \varphi^*\varphi = \frac{1}{2}g^2 A_\mu A^\mu (v + h)^2 = \\ & = \frac{1}{2}g^2 v^2 A_\mu A^\mu + g^2 v h A_\mu A^\mu + \frac{1}{2}g^2 h^2 A_\mu A^\mu\end{aligned} \tag{11.19}$$

Samlar vi allt får vi

$$\begin{aligned}\mathcal{L}_{\text{Higgs}} =& \frac{1}{2}\partial_\mu h \partial^\mu h + \frac{1}{2}g^2 v^2 A_\mu A^\mu - \lambda v^2 h^2 - \lambda v h^3 - \frac{\lambda}{4}h^4 \\ &+ g^2 v h A_\mu A^\mu + \frac{1}{2}g^2 h^2 A_\mu A^\mu\end{aligned} \tag{11.20}$$

Övning 6:
Här är det bara att utföra multiplikationen

$$\begin{aligned}\varphi^\dagger \varphi &= \frac{1}{2}\left[\varphi_1 - i\varphi_2 \quad \varphi_3 - i\varphi_4\right] \begin{bmatrix} \varphi_1 + i\varphi_2 \\ \varphi_3 + i\varphi_4 \end{bmatrix} = \\ &= \frac{1}{2}\left((\varphi_1 - i\varphi_2)(\varphi_1 + i\varphi_2) + (\varphi_3 - i\varphi_4)(\varphi_3 + i\varphi_4)\right) = \\ &= \frac{1}{2}\left(\varphi_1^2 + \varphi_2^2 + \varphi_3^2 + \varphi_4^2\right)\end{aligned} \tag{11.21}$$

Övning 7:
Stoppa bara in de fysikaliska fälten i de nya termerna och visa att vi får tillbaka de gamla termerna

$$\frac{1}{4}v^2 g_2^2 W_\mu^+ W^{-\mu} = \frac{1}{4}v^2 g_2^2 \frac{1}{\sqrt{2}}(-W_\mu^1 + iW_\mu^2)\frac{1}{\sqrt{2}}(-W_\mu^1 - iW_\mu^2) =$$
$$= \frac{1}{8}v^2 g_2^2 \left((W_\mu^1)^2 + (W_\mu^2)^2\right)$$
$$\frac{1}{8}v^2(g_2^2 + g_1^2)Z_\mu Z^\mu = \frac{1}{8}v^2(g_2^2 + g_1^2)\frac{-g_1 B_\mu + g_2 W_\mu^0}{\sqrt{g_2^2 + g_1^2}}\frac{-g_1 B^\mu + g_2 W^{\mu 0}}{\sqrt{g_2^2 + g_1^2}} =$$
$$= \frac{1}{8}v^2(g_1 B_\mu - g_2 W_\mu^3)^2 \tag{11.22}$$

Övning 8:
Många mätningar görs på dessa värden, men de är ungefär $m_W = 80.38$ GeV, $m_Z = 91.19$ GeV och $\cos\theta_W = 0.8768$. Kvoten blir då $\frac{m_W}{m_Z} = 0.8815$.

Övning 9:
Vi stoppar in uttrycken för leptonfälten och Higgsfältet i Lagrangedensiteten

$$
\begin{aligned}
&\mathcal{L}_{\text{Higgs-lepton}} = g_e(\bar{L}\varphi e_R + \varphi^\dagger \bar{e}_R L) = \\
&= g_e\left([\bar{\nu}_e \;\; \bar{e}]_L \frac{1}{\sqrt{2}} \begin{bmatrix} 0 \\ v+H \end{bmatrix} e_R + \frac{1}{\sqrt{2}} [0 \;\; v+H]\, \bar{e}_R \begin{bmatrix} \nu_e \\ e \end{bmatrix}_L \right) = \\
&= \frac{g_e}{\sqrt{2}} \left(\bar{e}_L(v+H)e_R + \bar{e}_R(v+H)e_L \right) = \\
&= \frac{g_e v}{\sqrt{2}}(\bar{e}_L e_R + \bar{e}_R e_L) + \frac{g_e}{\sqrt{2}}(\bar{e}_L e_R + \bar{e}_R e_L)H
\end{aligned}
\tag{11.23}
$$

Kapitel 12

Behövs fysik bortom standardmodellen?

Övning 1:
För en stjärna med massan m som roterar runt ett galaxcentrum med massan M på ett avstånd R utgörs centripetalkraften av gravitationskraften, vilket innebär

$$\begin{aligned}
&F_C = F_G \\
&\frac{mv^2}{R} = G\frac{Mm}{R^2} \\
&\Rightarrow v^2 = G\frac{M}{R} \\
&\Rightarrow v = \sqrt{GM}\frac{1}{\sqrt{R}}
\end{aligned} \tag{12.1}$$

Eftersom $\sqrt{GM}$ är en konstant för olika stjärnor i galaxen avtar alltså deras hastighet, enligt Newtons gravitationslag, med avståndet från centrum som $\frac{1}{\sqrt{R}}$.

Övning 2:
Här får du fundera själv.

Övning 3:
Detta löses med dimensionsanalys. Naturkonstanterna har följande dimensioner

$$\begin{aligned}
&[\hbar] = L^2MT^{-1} \\
&[c] = LT^{-1} \\
&[G] = L^3M^{-1}T^{-2}
\end{aligned} \tag{12.2}$$

Vi ansätter en produkt av potenser av dessa konstanter

$$[\hbar^\alpha c^\beta G^\gamma] = L^{2\alpha+\beta+3\gamma} M^{\alpha-\gamma} T^{-\alpha-\beta-2\gamma} \tag{12.3}$$

Eftersom vi vill ha en kombination som ger energidimension, ML^2T^{-2}, får vi ekvationssystemet

$$\begin{aligned} &2\alpha + \beta + 3\gamma = 2 \\ &\alpha - \gamma = 1 \\ &-\alpha - \beta - 2\gamma = -2 \end{aligned} \tag{12.4}$$

vilket har lösningen $\alpha = \frac{1}{2}$, $\beta = \frac{5}{2}$ och $\gamma = -\frac{1}{2}$. Planckenergin blir alltså

$$E_{Pl} = \sqrt{\frac{\hbar c^5}{G}} = 1.96\,\mathrm{GJ} \tag{12.5}$$

Övning 4:
En snabb googling ger att bensin har ett energiinnehåll på ca 30 MJ/liter. En tank bensin är ungefär 50 liter, vilket innebär att dess energiinnehåll är ca 1,5 GJ. Ungefär Planckenergin alltså.

Övning 5:
Detta löses också med dimensionsanalys. Naturkonstanternas dimensionerfinns i uppgift 3.

Vi ansätter en produkt av potenser av dessa konstanter

$$[\hbar^{\alpha} c^{\beta} G^{\gamma}] = L^{2\alpha+\beta+3\gamma} M^{\alpha-\gamma} T^{-\alpha-\beta-2\gamma} \tag{12.6}$$

Eftersom vi vill ha en kombination som ger längddimension, L, får vi ekvationssystemet

$$\begin{aligned} &2\alpha + \beta + 3\gamma = 1 \\ &\alpha - \gamma = 0 \\ &-\alpha - \beta - 2\gamma = 0 \end{aligned} \tag{12.7}$$

vilket har lösningen $\alpha = \frac{1}{2}$, $\beta = -\frac{3}{2}$ och $\gamma = \frac{1}{2}$. Planckenergin blir alltså

$$l_{Pl} = \sqrt{\frac{\hbar c^5}{G}} \approx 10^{-35}\ \text{m} \tag{12.8}$$

Övning 6:

Energi som krävs för att mäta ett läge med en Plancklängds upplösning, $\Delta x = l_{Pl}$, enligt Heisenbergs osäkerhetsrelation, $\Delta p \Delta x > \frac{\hbar}{2}$,

$$E = pc > \frac{\hbar c}{2l_{Pl}} = \frac{\hbar c}{2\sqrt{\frac{\hbar G}{c^3}}} = \sqrt{\frac{\hbar c^5}{4G}} \tag{12.9}$$

Massan som behöver pressas in inom en Plancklängd för att ett svart hål ska bildas ges enligt Schwarzschildradien av

$$l_{Pl} = \frac{2Gm}{c^2} \Rightarrow m = \frac{l_{Pl}c^2}{2G} \tag{12.10}$$

Energin som behövs pressas in inom en Plancklängd för att det ska bildas ett svart hål blir då

$$E = mc^2 = \frac{l_{Pl}c^4}{2G} = \frac{\sqrt{\frac{\hbar G}{c^3}}c^4}{2G} = \sqrt{\frac{\hbar c^5}{4G}} \tag{12.11}$$

Om vi mäter något med en Plancklängds upplösning bildar vi alltså ett svart hål. Försöker vi upplösa kortare längder genom att testa med högre energier växer bara det svarta hålet och vi lyckas ändå inte upplösa kortare längder.

Kapitel 13

Mörk materia, storförening och kvantgravitation

Övning 1:
Detta ges direkt från energioperatorerna

$$
\begin{aligned}
i\hbar\frac{d}{dt}a(t) &= E_1 a(t) \Rightarrow a(t) = C_1 e^{-iE_1 t} \\
i\hbar\frac{d}{dt}b(t) &= E_2 b(t) \Rightarrow b(t) = C_2 e^{-iE_2 t}
\end{aligned}
\tag{13.1}
$$

där båda C-konstanterna måste vara 1 om vågfunktionen ska vara normerad.

Övning 2:
Vi börjar med lösa ut $|\nu_1\rangle$ och $|\nu_2\rangle$ ur

$$
\begin{aligned}
|\nu_e\rangle &= \sin\alpha|\nu_1\rangle + \cos\alpha|\nu_2\rangle \\
|\nu_\mu\rangle &= \cos\alpha|\nu_1\rangle - \sin\alpha|\nu_2\rangle
\end{aligned}
\tag{13.2}
$$

Det görs enklast genom att multiplicera den övre ekvationen med $\sin\alpha$, den nedre med $\cos\alpha$ och sedan addera dem, vilket ger

$$
\begin{aligned}
&\sin\alpha|\nu_e\rangle + \cos\alpha|\nu_\mu\rangle = (\sin^2\alpha + \cos^2\alpha)|\nu_1\rangle \\
&\Rightarrow |\nu_1\rangle = \sin\alpha|\nu_e\rangle + \cos\alpha|\nu_\mu\rangle
\end{aligned}
\tag{13.3}
$$

där trigonometriska ettan använts. Vi kan nu använda detta uttryck för $|\nu_1\rangle$ för att beräkna $\cos\alpha|\nu_2\rangle$

$$
\begin{aligned}
&|\nu_e\rangle = \sin\alpha|\nu_1\rangle + \cos\alpha|\nu_2\rangle = \\
&= \sin\alpha(\sin\alpha|\nu_e\rangle + \cos\alpha|\nu_\mu\rangle) + \cos\alpha|\nu_2\rangle = \\
&= \sin^2\alpha|\nu_e\rangle + \frac{1}{2}\sin 2\alpha|\nu_\mu\rangle + \cos\alpha|\nu_2\rangle \\
&\Rightarrow \cos\alpha|\nu_2\rangle = (1-\sin^2\alpha)|\nu_e\rangle - \frac{1}{2}\sin 2\alpha|\nu_\mu\rangle = \\
&= \cos^2\alpha|\nu_e\rangle - \frac{1}{2}\sin 2\alpha|\nu_\mu\rangle
\end{aligned}
\tag{13.4}
$$

Nu är detta bara att använda dessa uttryck för $|\nu_1\rangle$ och $|\nu_2\rangle$ och ta fram $B(t)$

$$
\begin{aligned}
&a(t)\sin\alpha|\nu_1\rangle + b(t)\cos\alpha|\nu_2\rangle = \\
&= a(t)\sin\alpha(\sin\alpha|\nu_e\rangle + \cos\alpha|\nu_\mu\rangle) + \\
&+ b(t)(\cos^2\alpha|\nu_e\rangle - \frac{1}{2}\sin 2\alpha|\nu_\mu\rangle) = \\
&= (a(t)\sin^2\alpha + b(t)\cos^2\alpha)|\nu_e\rangle + \frac{1}{2}\sin(2\alpha)\,(b(t) - a(t))\,|\nu_\mu\rangle
\end{aligned}
\tag{13.5}
$$

Identifierar vi nu koefficienten för $|\nu_\mu\rangle$ får vi

$$
B(t) = \frac{1}{2}\sin(2\alpha)\,(b(t) - a(t)) \tag{13.6}
$$

Övning 3:
Vi räknar på

$$
\begin{aligned}
&P(\nu_e \to \nu_\mu) = |B(t)|^2 = \frac{1}{4}\sin^2(2\alpha)\,(b(t)-a(t))\,(b(t)-a(t))^* = \\
&= \frac{1}{4}\sin^2(2\alpha)\left(e^{-iE_1t} - e^{-iE_2t}\right)\left(e^{iE_1t} - e^{iE_2t}\right) = \\
&\frac{1}{4}\sin^2(2\alpha)\left(2 - e^{i(E_2-E_1)t} - e^{-i(E_2-E_1)t}\right)
\end{aligned}
\tag{13.7}
$$

Låt oss fundera på den avslutande parentesen. Vi utgår från det uttryck vi vill komma fram till och använder Eulers formel

$$
\begin{aligned}
&\sin^2\left(\frac{1}{2}(E_2-E_1)t\right) = \left(\frac{e^{i\frac{1}{2}(E_2-E_1)t} - e^{-i\frac{1}{2}(E_2-E_1)t}}{2i}\right)^2 = \\
&= -\frac{1}{4}\left(e^{i(E_2-E_1)t} + e^{-i(E_2-E_1)t} - 2\right) = \\
&= \frac{1}{4}\left(2 - e^{i(E_2-E_1)t} - e^{-i(E_2-E_1)t}\right)
\end{aligned}
\tag{13.8}
$$

Vi ser att uttrycket är samma som den avslutande parentesen ovan. Vi kan alltså samla allt till

$$
P(\nu_e \to \nu_\mu) = \sin^2(2\alpha)\sin^2\left(\frac{1}{2}(E_2-E_1)t\right) \tag{13.9}
$$

Övning 4:
En Taylorutveckling av uttrycket för energi med avseende på m^2 ger

$$E = \sqrt{p^2 + m^2} \approx p + \frac{m^2}{2p} \tag{13.10}$$

Eftersom rörelsemängden är bevarad blir

$$E_2 - E_1 = p + \frac{m_2^2}{2p} - p - \frac{m_1^2}{2p} = \frac{1}{2p}(m_2^2 - m_1^2) \tag{13.11}$$

Övning 5:
En supersymmetrisk partikel med $P_R = -1$ kan inte sönderfalla till bara vanliga partiklar vilka har $P_R = 1$ om R-pariteten ska bevaras. Efetrsom det inte finns några lättare supersymmetriska partiklar att sönderfalla till blir då den lättaste supersymmetriska partikeln stabil.

Övning 6:
Från övning 10 i kapitel 7 vet vi att en SU(n)-teori ger upphov till $n^2 - 1$ gaugebosoner. För SU(5) blir det alltså $5^2 - 1 = 24$ gaugebosoner.

Övning 7:
Låt oss titta på uttrycket för den radiella acceleration för en planetbana från kapitel 5

$$\ddot{r} = \frac{v^2}{r} - G\frac{M}{r^2} \tag{13.12}$$

I det kapitlet kom vi också fram till att rörelsemängdsmomentet är bevarat

$$mvr = k \Rightarrow v = \frac{k}{mr} \tag{13.13}$$

där k är en konstant. Nu kan vi skriva om uttrycket för den radiella accelerationen till

$$\ddot{r} = \frac{k^2}{m^2r^3} - G\frac{M}{r^2} \tag{13.14}$$

Om planeten är i bana på ett konstant avstånd från stjärnan är $\ddot{r} = 0$. Från uttrycket ovan kan vi se att planetbanan är stabil. Om vi knuffar planeten inåt och minskar r kommer båda termerna bli större. Dock kommer den positiva termen att öka mest eftersom den har r^3 i nämnaren, jämfört med den positiva termen som har r^2 i nämnaren. Planeten kommer alltså då att accelerera utåt igen. Om vi istället knuffar planeten utåt och ökar r kommer båda termerna bli mindre. Här kommer den positiva termen minska mest, så att planeten accelererar inåt igen.

Som synes beror stabiliteten på att den negativa termen har en lägre potens av r än den negativa i nämnaren.

Anledningen till att gravitationspotentialen har r^2 i nämnaren är att fältlinjerna sprids över en sfär vars area är proportionell mot r^2. I högre dimensioner sprids fältlinjerna över en hypersfär vars area är proportionell mot r^{D-1} där D är antalet rumsdimensioner. Redan för fyra rumsdimensioner får vi alltså r^3 i nämnaren och stabiliteten försvinner.

Övning 8:

Till avståndet R måste vi lägga avståndet för n antal varv i den extra ihoprullade dimensionen $2\pi r n$. Eftersom dessa två avstånd är vinkelräta mot varandra kan vi räkna ut det totala avståndet med Pythagoras sats, vilket ger $\sqrt{R^2 + 4\pi^2 r^2 n^2}$. Gravitationspotentialen där vi summerar över antal varv i den extra dimensionen blir då

$$\begin{aligned} V^{4D} &= -G^{4D}\frac{2m_1m_2}{\pi}\sum_{n=0}^{\infty}\frac{1}{R^2+4\pi^2r^2n^2} = \\ &= -G^{4D}\frac{m_1m_2}{2\pi^3r^2}\sum_{n=0}^{\infty}\frac{1}{\frac{R^2}{4\pi^2r^2}+n^2} \end{aligned} \tag{13.15}$$

Övning 9:

Här behöver vi veta att den primitiva funktionen till $\frac{1}{a^2+x^2}$ med avseende på x är $\frac{1}{a}\arctan\frac{x}{a}$. Givet detta är det bara att beräkna integralen

$$
\begin{aligned}
&V^{4D} = -G^{4D}\frac{m_1 m_2}{2\pi^3 r^2}\int_0^\infty \frac{1}{\frac{R^2}{4\pi^2 r^2}+n^2}dn = \\
&= -G^{4D}\frac{m_1 m_2}{2\pi^3 r^2}\left[\frac{2\pi r}{R}\arctan\frac{2\pi r n}{R}\right]_0^\infty = -G^{4D}\frac{m_1 m_2}{2\pi^3 r^2}\frac{2\pi r}{R}\frac{\pi}{2} = \\
&-\frac{G^{4D}}{2\pi r}\frac{m_1 m_2}{R} = -G^{3D}\frac{m_1 m_2}{R}
\end{aligned}
\tag{13.16}
$$